元農林水産事務次官
末松広行

食料安保政策の
中心にいた
元事務次官が
伝えたいこと

日本の食料安全保障

育鵬社

まえがき

筆者が『食料自給率の「なぜ?」』（扶桑社新書）を執筆したのは二〇〇八年のことである。

それ以降、農林水産省大臣官房政策課長、林野庁林政部長、関東農政局長、経済産業省産業技術環境局長、農林水産事務次官などさまざまなポストを経験してきたが、食料安全保障についてはずっと関心を持ちながら仕事をしてきた。

最近、経済安全保障について、食料安全保障について、さまざまな議論がされるようになってきたが、長い間、行政の一員として具体的な仕事をしてきた立場からすると、危機を煽《あお》りすぎることも良くないし、そこにある危機を見ないふりすることも良くないと思う。

また、退官（二〇二〇年八月）後に食料安全保障論について少しの研究をしたことを踏まえると、食料安全保障に関する議論については、極端な比喩《ひゆ》で完璧《かんぺき》でないことを非難する議論や何でも自由にしておけば神の見えざる手が解決してしまうといったような議論ばかりをしていても、実効性のある新たな政策をつくっていくことはできないと思っている。

これまでの経験や少しばかりの知識をもとに、先行する先輩方の著作や論文なども参考にさせていただきながら食料安全保障についてできるだけわかりやすく説明し、日々の生活において食料安全保障や日本の農業についてどう考えたらいいのか、また、今後、国として・地方自治体として・企業団体として、食料安全保障に関する政策展開や企業戦略をどうとっていけばいいのかについての私見を述べることにする。いくばくかの参考になるものを書ければ幸いである。

なお、食料安全保障という概念については、いくつかの考え方がある。これについては、国連食糧農業機関（ＦＡＯ[1]）などの定義を参考にしながら、日本ですでに食料安全保障の危機があることにも触れることにする。

『食料自給率の「なぜ？」』を執筆した二〇〇八年の四月には農水省に「食料安

1 Food and Agriculture Organization of the United Nations

全保障課」が設置され、筆者は初代の課長となった。六月にはローマで世界食料サミットが開催され福田康夫内閣総理大臣が出席し、筆者も随行させていただいた。世界が食料危機という言葉を使い、いろいろな対応を議論したのがこのときである。日本でも食料自給率の低さが話題になっていたころである。

最近の状況を見ると、穀物の価格は二〇〇八年よりも高騰しており、世界に与えている影響も当時より明らかに大きくなりつつある。

このような状況において、日本の食料安全保障を万全にしていくことは、国にとって最も大切なことであると考えられる。それにはどうすればいいのか。

本書においては、まず、「第一章　世界の食料事情に忍び寄る危機」において、食料をめぐる現在の世界の状況、日本の状況について概観し、日本の置かれている状況の分析を試みることとしたい。要は、どのような危機が迫っているかである。

また、危機の際にどのようなことが起こるかについても想像してみたい。

まず、世界の状況で特筆すべきことは、最近のウクライナ情勢、新型コロナウイルス感染症の影響である。それだけでなく、経済のグローバル化による経済格差の拡大がもたらしたと考えられる貧困、地球温暖化対策に有効であるバイオ燃料の食料安全保障への影響、世界にある穀物在庫がどのような効果を持っているかについても検討してみたい。

次に、「第二章　日本の食に起きていること」において、このような世界情勢の下、日本の食料に迫っている危機についても検討したい。

ここでよく言及されるのは食料自給率の推移である。

食料自給率には、カロリーベースであったり、金額ベースであったり、いろいろな算定の仕方がある。食料自給率自体に懐疑的な意見を述べる識者もいるが、どのような議論を経て、どのような趣旨で数値が示されることになったかについて触れ、現代におけるその意味づけを示したい。

また、食料自給率の低下について、その背景を示すことによって、日本の食の現状にも迫ることにする。

日本の食をめぐっては、カロリーや金額の問題だけでなく、安全性の問題も、遺伝子組換え農作物の問題も議論される。これについてもどのような議論がなされているかについて示していきたい。

自給率が減少するなかで、政府のこれまでの施策についても触れたい。

この点については、「古い農業の体質を改善できずに効率の悪い農業を続けていることが問題。自由化と競争によって強い農業をつくらなかったことが良くなかった」とか「なんでも自由化して農業をバッシングしてきたことが問題だった」などの議論が飛び交うが、筆者の思いは、これまで江戸時代、明治から終戦まで、終戦後から今日まで、そのときどきで時代に合った努力がなされてきたからこそ、いまの日本で農業がしっかりと存在しており、国民にさまざまな種類の高品質な食を提供できているのではないかというものである。

農業者の方々、法人化された農業組織も農協などの農業団体も、流通や食品製造・販売・外食に関わる方々も頑張ってきた結果であり、政策的にもさまざまな議論を経つつ、農業の発展に資するものがとられてきた結果であると思っている。

長い間行政の内部で、日本の農業を良くしていこうと思いながら仕事をしてきたという筆者の立場は、行政から離れた目で大局的な観点から厳しい指摘ができないということが弱点であるかもしれない。

政策や農業者・農業団体を批判して「こうすればいい」という主張については、参考になる意見もあるが、「そうやったら絶対に失敗する」「どこからお金を持ってくるのか」「ただお金を配って農業関係者は喜ぶのか」「そもそもそういうふうに独断的に政策を実施することがいいのか」と思ってしまうことも多い。

「第三章　食料安全保障の実現に向けて」では、世界の状況、日本の状況を踏まえつつ、この危機に対応して考えるべきことの基本について整理することとする。まず、食料安全保障の基本についての考え方を再整理することにしたい。

食料安全保障の確保に必要なことは、従前から言われているように、しっかりとした国内生産、安定的な輸入、いざというときのための備蓄である。

これらに加えて、分配の重要性についても指摘したい。食料があっても偏在していれば、食料にアクセスできない人々にとっては重大な危機となるからだ。

以上の基本を押さえたうえで、今後について、ふたつの角度から展望と提案をすることとしたい。

まずは、日本の水田と米についてである。

「第四章　稲作と水田という日本の強みを活かすためには」では、これまで営々と作られてきた米とそれを生産する水田について、今後の展望を示したい。

現在の、日本人ひとり当たりの一年間の米の消費量は五〇キログラム程度であり、びっくりするほど低くなってしまっているというのが筆者の感想である。これを前提にするのかしないのか、前提とした場合は、新たな利用方法の開拓、輸出が重要である。また、いまの低い消費量を前提とするのではなく、もう一度米の消費拡大に本腰を入れるという選択肢もあるのではないか。

もうひとつは、さまざまな農業生産での工夫である。

「第五章　食料安全保障を高め、地球環境を守り、地域経済を回すために」では、日本の農業に起こりつつある新たな動きについて紹介することにしたい。

これまで外国産を使うことに慣れてしまった野菜などで、国内産を再び使う取り組みが出てきている。さらに日本の優れた農産物を海外に輸出しようという取り組みも伸びつつある。

こういう取り組みが地域にもたらす効果は単なる経済的なメリットだけでなく地域社会を良くし、出生率にまで影響しているという例を示してみたい。

日本の農業生産に関する工夫は世界の農産物の生産、飢餓の防止にも役立ってきている。そして、これからは、食料安全保障の強化とともに地球環境の保全回復にも農業が貢献していく時代になっていることについても述べてみたい。

ちょっと長い「あとがき」では、検討が進む新たな食料安全保障政策について、少し変わった視点からの提案をしていきたい。

食料自給率については、いろいろなことが言われている。筆者はいまの自給率指標は指標としてとてもいいものだと思っている。そのうえで、別の角度からの指標もあるのではないかということを、敢《あ》えて提案してみたい。また、バイオ燃料、農産物輸出について留意すべきと考えていることについても付加的に述べてみたい。

農業関係者にとっては当たり前のことが乱暴に書かれているという面もあるかもしれないが、なるべく多くの方にいまの食料安全保障に関する状況についてご理解をいただければと思って執筆したものである。

執筆に際しては、多くの方の著作や論文を参考にさせていただいたが、十分咀《そ》嚼《しゃく》できていないところもあるかと思われる。

さまざまなご意見をいただければ幸いである。

第一章

世界の食料事情に忍び寄る危機

1-1　食料と食糧、食料安全保障とFOOD SECURITY

「食料」と「食糧」、読み方は同じだが漢字は異なる。農林水産省や内閣府で農業を語るときにも、どちらを使用すべきか、かつて大きな議論があった。まだ完全に定義が固まったとは言えないのだが、ほぼ使い方の区別ははっきりしてきている。

政府などが「食糧」と書くとき、それは「穀物」を指している。具体的に言えば、米と麦、そしてトウモロコシのことである（後述するが、中国には「糧食」という概念があり、米、小麦、トウモロコシなどの穀物に豆類、イモ類も含んでいる）。

穀物は、植物のなかでも多くのエネルギーを蓄えて、それを動物や人間に与えてくれている存在である。歴史的には、この穀物を生産するために人類は「定住」するようになった。

世界の四大文明（メソポタミア文明・エジプト文明・インダス文明・中国文

明）の共通点は、大河のほとりに発展したということである。それは河によって育まれた、豊かな土壌と豊富な水を使って穀物を育てることが可能だったからだ。穀物を生産できなければ、文明も発達しなかったと言えよう。

一方、「食料」は、野菜や魚介類、肉類なども含んだ食べるもの全体のことを示すものとして使われている。

食料安全保障はＦＯＯＤ　ＳＥＣＵＲＩＴＹの日本語訳であるが、意味としては、ＦＯＯＤ　ＳＥＣＵＲＩＴＹのほうが広範である。

国連食糧農業機関（ＦＡＯ）による定義は、〈全ての人が、いかなる時にも、活動的で健康的な生活に必要な食生活上のニーズと嗜好を満たすために、十分で安全かつ栄養ある食料を、物理的、社会的及び経済的にも入手可能であるときに達成される状況。〉とされている。

量的に満足させるだけでなく、安全で栄養価のある物を入手できることなどが含まれている。国際的には、貧困層の食料問題を念頭に置いている概念として議論されることも多く、日本の食料安全保障論を論ずるときには、このような貧困問題に関する議論を含めずに議論をすることが多い。

また、持続可能な開発目標（ＳＤＧｓ[2]）には「飢餓をゼロに」という項目があり、これも食料安全保障を追求する概念である。

本書では、日本において私たちがしっかりと食料を確保できるかを中心として、栄養問題、貧困問題にも触れていきたいと思う。

一―二　ウクライナ情勢が世界の小麦需給に与えた影響

二〇二二年二月二四日、ロシアが突如としてウクライナへの軍事侵攻を開始した。このとき、世界ではこの軍事侵攻が世界経済に与える影響についてさまざまな懸念が議論されたが、なかでも多くの人々が関心を持ち、心配したのがエネルギーや食料への影響についてであった。

ロシアとウクライナは穀倉地帯として知られている。最近において、小麦の輸出ではロシアが世界第一位、ウクライナが第五位の地位にある。二〇〇二年の世界の小麦輸出量では米国がトップで、全体の二五パーセントを占めていたが、二〇二一年には一三パーセントにまで低下している。代わって台頭してきたのが、ロシアとウクライナである。米国の輸出量は、二〇〇二年が二六一九万トンで、二〇二一年が二七〇五万トンなので、量が極端に減ったということではない。世界の小麦需要が増し、その供給元として生産量を増やしているロシアとウクライナが重要になってきているということである。

その両国が戦争状態になったことで、攻撃されているウクライナはもちろん、ロシアも各国の制裁を受け、輸出が難しくなることが想定された。そうなると、ロシアとウクライナから小麦を輸入していた国々は大きな影響を受けることになる。その多くがアフリカや南アジアの国々で、そのなかには、ただでさえ生きていくためのカロリーを十分に摂れていない国も多く、そうした国々にとって小麦が輸入できないことは、まさに死活問題となる危機である。実際、アフリカ向けの小麦の輸出が滞り、アフリカの国々で小麦不足が生じて混乱している様子など

2 Sustainable Development Goals

が広く報道された。

日本が輸入する小麦についてはどうだったのであろうか。日本はロシアやウクライナから小麦をほとんど輸入していない。日本の小麦の輸入先は、米国、カナダ、オーストラリアである。また、これらの国々は日本への輸出をやめるようなことはしていないため、日本は少なくとも輸入する量については、いまのところ心配する必要はない状況である。

では、何も心配しなくていいのだろうか。

以下のふたつのことについては、注意深く見守る必要がある。

ひとつは、価格の推移である。食料の供給に混乱があると価格は上下する。基本的に供給に不安なところがあれば価格は上昇する。

今回の事例に即して言えば、ロシアやウクライナから小麦を輸入していた国々は、両国からの輸入ができなくなれば別の国から輸入しようとする。その別の国はこれまでの輸出先に加えて新たな輸出先ができることになり、高い価格をつけたほうに売ることになりやすい。そうするとこれまでの輸入先から引きつづき輸

図表①　穀物の国際価格の動向　（単位：ドル／トン）

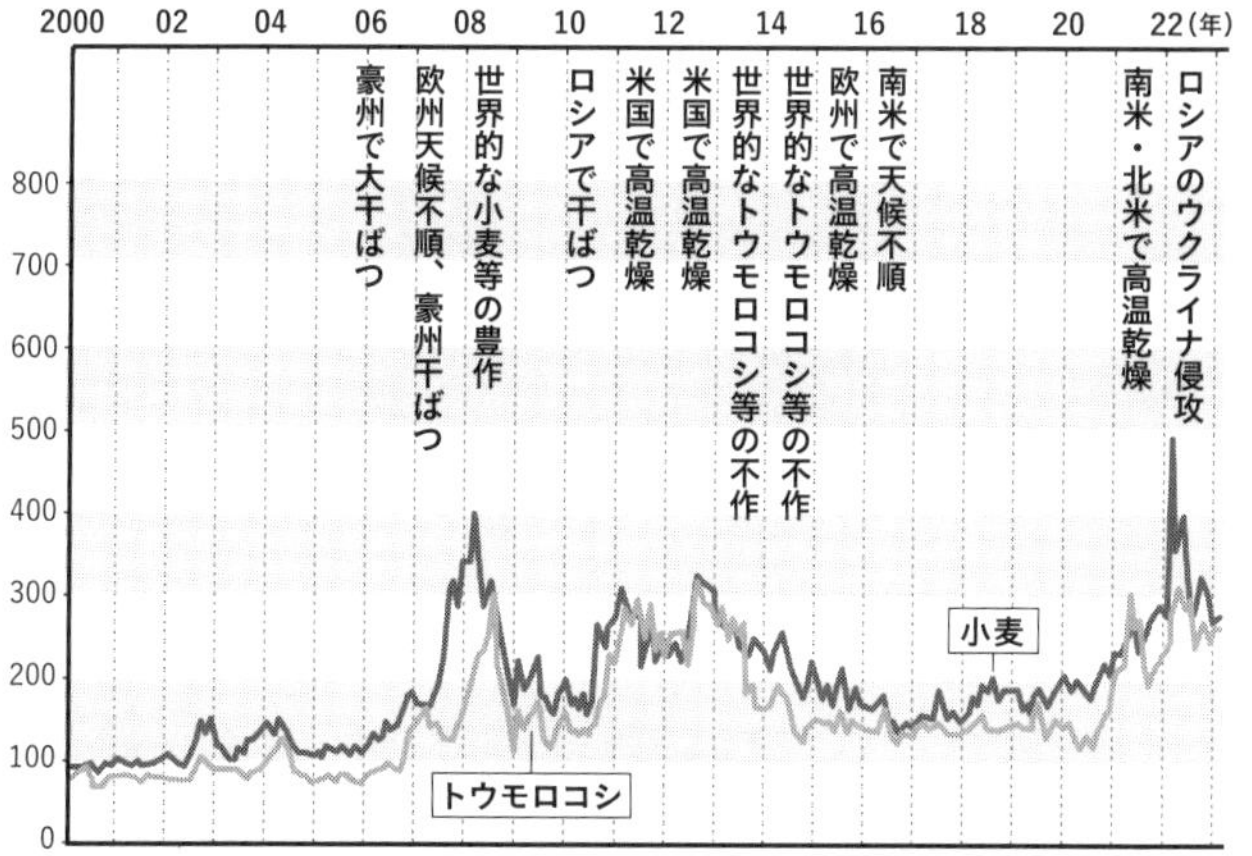

入できるとしても高い値段で買わざるを得ない。

　このような状況は、世界中で生じており、その価格上昇は、二〇〇八年の食料危機のときの価格上昇を上回っている。価格上昇には、全体的な需給状況、あとで述べる原油価格などとの関係や将来を見越した投機なども影響しているが、二〇二二年の価格上昇の要因のひとつは、このロシア・ウクライナの情勢であると思われる。

　もうひとつは、世界全体の小麦の存在量の動向である。小麦の世界での生産量は七億七四五五万トンに及んでおり、いわゆる「期末在庫」といわれるものは二億九〇〇〇万トン存在している。期末在庫とは、次の小麦の収穫が行われる直前の端境期《はざかいき》における在庫のことである。収穫時期は前後するが、その年の小麦生産時期を越えて在庫される量ということになる。

また、ある国が生産した小麦はその国で消費され、その余剰分が輸出されることとなるが、そのような輸出に回っている小麦の量は二億三三三万トンである。

ロシアとウクライナの輸出量は、二国の合計で二〇二一年において、約五〇〇〇万トンであるが、このうちのどのくらいが輸出できなくなるかということが問題である。すべての量が輸出できなかったとしても、小麦の世界の生産量約七億七〇〇〇万トンの六～七パーセント、期末在庫の六分の一が減るだけであるということになる。

これを多いと捉えるか少ないと捉えるか。影響はその小麦を輸入できない国に大きく出るからその点では心配なことである。しかし、これによって世界中の人々が飢えに直面するというものでもないことも知っておきたいと思う。

図表②　世界の小麦貿易（2019年）　（単位：万トン）

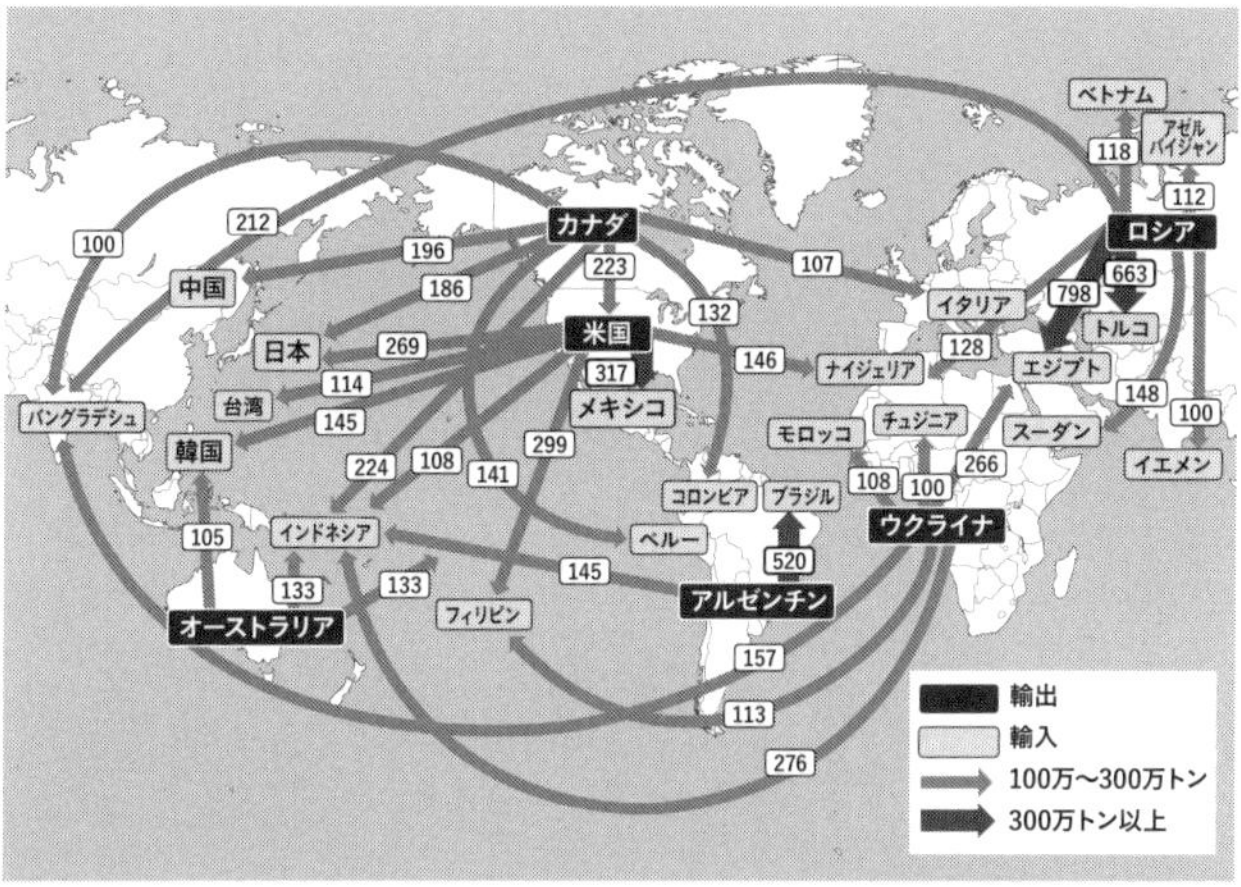

公表されたデータなどによれば、ウクライナでは、二〇二二／二三年度（二〇二二年に播《は》種《しゅ》〔＝種まき〕されて二〇二三年に流通するもの）に収穫される小麦は二〇五〇万トン（別の見込みだと一九〇〇万トン）であり、二〇二一／二二年度に収穫された小麦三三〇一万トンからかなり減少している。しかし、NASAの分析によると、ウクライナの農業者は二六六〇万トンの小麦を収穫しており、記録的な収穫量であった二〇二一／二二年度の三三〇一万トンは下回っているが、五ヶ年の収穫量の平均である二七九〇万トンに

匹敵しているとしている。どういうことかといえば、六〇〇万トン程度の小麦がウクライナ政府の支配下にない地域で収穫されたということだ。

今回の危機については、小麦の収穫が激減したということはなく、輸出に当たっての混乱が問題だったと考えられる。連帯レーン――EU（ヨーロッパ連合）がウクライナの農産物輸出を支援するためにつくった陸路ルート――と黒海物流イニシアティブ――国連とトルコが仲介して、黒海に開いた安全な人道回廊――が動き出したのちには、小麦価格は低下に転じている。

ロシア・ウクライナ情勢が緊迫しているから食料危機だと単純に危機を煽る論調もあるが、実際の生産・流通の状況をある程度分析してからコメントすべきであると思う。

今後については、長引く戦闘の影響で播種にどのような影響が出るのか、戦闘行為によって生育中の小麦にどのような影響があるのか、収穫時の作業能力があるのかなどが課題となっているが、これらについて冷静に状況把握を進めることが重要であると思う。

一-三　新型コロナウイルス感染症が世界の食料供給に与えた影響

二〇二〇年一月ごろより全世界で猛威を振るっている新型コロナウイルス感染症は世界の食料にどのような影響を与えているだろうか。

農業生産も加工も流通もすべて人々の活動が支えている。新型コロナウイルス感染症はその人々の活動を広範に自粛せざるを得ない状況に追い込んだ。この影響は分野によって異なっている。

穀物の生産については、労働力の確保が難しくなったという面はあったが、それが重大な影響を与えたということはそれほどなかった。

畜産分野においては食肉処理、家畜の生産に大きな影響があった。米国では食肉処理場での労働力の確保ができなくなり、機能が停止する事態に陥った。そうすると牧場から出荷する大量の家畜の搬入ができなくなる。この結果、出荷を待つ牧場では家畜をそのまま処分して埋却せざるを得ないような事態も生じた。

さらに心配されたのは、食肉処理場だけでなく幅広い食料関係施設でのロックダウンなどによる機能停止が物流に影響しはじめたことである。食に関わる業務が停止することの影響は大きい。米国では、食に関わる労働力については「エッセンシャルワーカー（社会基盤を支えるために必要不可欠な仕事に従事する労働者）」として、その確保に努めることにし、影響を極小化しようとする取り組みが行われた。

なお、このときには当然日本への穀物の輸入についても心配された。米国からの輸入に際して、日本側が米国内に持つ施設を有効に活用できたことや輸入に工夫をしたことで、量については大きな問題が生ずることなく推移することができたと思っている。

価格については、エネルギーなどと同様、上昇に対して、飼料として購入する農業者への支援、政府が関与できる価格についての配慮などが行われた。

食料は農場で生産されたら、それを実際に食べる消費者に届けるところまでが必要であり、その間に亀裂が入ると食べられない人々が発生することになる。新型コロナウイルス感染症が起こったことで、収穫、集荷、産地国内での運搬、海外への輸送、加工、消費地での輸送、販売、すべての場面で発生するリスクがあることが改めて認識された。

一-四　輸出規制が行われたときに起きたこと

世界が食料危機だと問題視されるときに起きることとして、食料の輸出国が行う輸出規制がある。

二〇〇七年末から二〇〇八年前半にかけて、干ばつや原油価格の上昇により、世界の主要穀物が不足して価格が軒並み急騰した。

筆者は新設の食料安全保障課長としてこの時期を過ごすことになった。

消費者団体の方々との勉強会が開催されたことがあり、筆者は「日本は穀物を主に米国、カナダ、オーストラリアから輸入しているので大した問題はない」と話した。世界的に穀物が不足し価格が上昇しているなかでも、この三国は輸出規制をしていなかった。だから「量だけは確保できるから日本人が飢えることはない」という意味で筆者は話したのだが、出席者から不満の声をもらった。「スーパーでは小麦粉を使った製品などを中心に、すごく値上がりしています。大豆製品も上がっているし、いろいろなものが値上がりしています。家計的には大問題です。とても、大丈夫と安心していられません。大きな影響を受けているたくさんの家庭があることを知っているのですか」というのだ。

量は確保できても、価格が上がれば家計には大きな影響が生じる。これが危機であることは間違いない。食料の安全保障を考えるとき、量さえ確保できれば安心というわけではなく、価格も重要な要素になることに改めて気づかされた。

二〇〇八年当時のことについて、「日本で二〇〇八年に食料危機を感じた人はいなかったはずである」ということが、ある本で記述されているのを見たことがあるが、マスコミの人々が誰も当時のことを覚えていないということはない。「量が足りていれば大丈夫」という、狭い範囲での食料安全保障論を超えた問題であることは、当時の識者の共通認識であったと思う。新聞や雑誌でいろいろな記事が掲載されるとともに、テレビでも輸入が途絶えたと仮定して、米とイモだけにチャレンジするような番組まで流された。

国としてもさまざまな対応を行ったし、消費者団体は啓発の本を出してくれたり家庭での備蓄を推奨したり、国産の農産物を応援する取り組みも進めてくれた。このときの経験は農水省においてさまざまな施策を検討実行することにつながっている。こども食堂などの支援を積極的に進めるようになったことのきっかけのひとつでもある。

当時、日本が輸入している国々はほとんど輸出規制をしなかったが、輸出規制を実行した生産国も少なくなかった。輸出規制をしなければ、生産された食料はより高く買ってくれるところに輸出されてしまうことになりかねない。そうなると自国の国民に食べさせるものがなくなり、飢えさせることになる。「そうならないために輸出を規制する」という判断をその国の政府がとることをやめさせることは難しい。

食べさせるものがなくなるという場合だけでなく、輸出が高い価格で行われることにより、国内の食料価格も高くなってしまうことを防ぐという点で輸出規制をした国もあったように思う。

当然、食料を輸入に頼っていた国々は、輸出規制によって大打撃を被ることになる。まさに飢えと直面しなくてはならなくなってしまう。

二〇〇八年に生産国による輸出規制によって、主要穀物を輸入に頼っていた途上国で一気に危機感が広まった。国連食糧農業機関（ＦＡＯ）の調べでは、エジプト、カメルーン、コートジボワール、セネガル、ブルキナファソ、エチオピア、インドネシア、マダガスカル、フィリピン、ハイチでは食料確保ができない政府に抗議しての暴動にまで拡大していった。

暴動が起きた国のひとつであるフィリピンの場合、それまで米を輸入していたベトナムが輸出規制を発動したために、米の流通量が一気に減った。量が足りないために、流通しているわずかな米の価格も暴騰した。国民の手元に米は届かなくなり、これが暴動の原因となった。

輸入米を確保するためにフィリピン政府は、二〇〇八年四月と五月に五〇万から六〇万トンもの国際入札を行ったのだが、その買い付けに失敗してしまう。量不足と価格高騰で、フィリピン政府の予算では間に合わなかったからだ。米を確保できない政府に腹を立てたフィリピン国民が、デモで政府の建物を取り囲むようなことが起きた。

普段、何の問題もなく輸出入が行われ、遠くの国からの農産物も円滑に入手できているのが当たり前のように思いがちだが、このようなリスクもあることを認識しておく必要がある。

一-五　飢餓人口が増加するプロセス

ウクライナ情勢や新型コロナウイルス感染症の問題とは別に、世界では飢餓人口が増加している。

生死と背中合わせの飢餓に苦しんでいる人の数は依然として多い。二〇二二年七月六日に国連食糧農業機関（ＦＡＯ）、国際農業開発基金（ＩＦＡＤ[3]）、国連児童基金（ＵＮＩＣＥＦ[4]）、世界保健機構（ＷＨＯ）、国連世界食糧計画（国連

3 International Fund for Agricultural Development

WFP）が共同で発表した報告書「世界の食料安全保障と栄養の現状二〇二二（SOFI[5]）」によれば、二〇二一年の世界の飢餓人口は八億二八〇〇万人にのぼっている。

前年比で四六〇〇万人増え、新型コロナウイルス感染症の発生以降は一億五〇〇〇万人も増えている。

さらに報告書によると、健康的な食事に手の届かない人々の数は一億一二〇〇万人も増加し、二〇二〇年には約三一億人に達したという。飢餓までいかないまでも、健康的な生活を送るために必要な栄養を摂れない人が三一億人以上も世界に存在している。

こうした飢餓の危機に直面している国の多くは、国連食糧農業機関（FAO）が公表している「HUNGER MAP（飢餓地図）」を見れば一目瞭然なのだが、アフリカ諸国に多い。

自国の人々に必要な食料を供給するためには、自国で生産するか、輸入するしかない。飢餓に苦しむ国々は、人口が増えるのに合わせた自国での食料生産が増加せず、食料を輸入に頼るなかで、輸入する食料の価格が上昇してしまい、十分な量の食料を輸入することができなくなってしまった。

食料価格が上昇してきていることの原因は、先に述べたウクライナ情勢や新型コロナウイルス感染症、さらにはのちに述べるバイオ燃料の影響もあるが、より根本的には将来の食料需給に対する不安が価格に影響していると考えるのが妥当だと思う。

世界の人口は一貫して伸びてきている。それに応じて食料の生産も伸びてきた。これからはどうだろうか。世界の人口はさらに増えつづけることが確定的だといわれている。それに応じた食料生産の増加が可能かというのが問題なのである。

これまでは、食料供給の増加が人口の増加を上回ってきたから大丈夫だという意見もある。人口の伸びに応じた食料生産の増加については、それを目指すべき

4 United Nations Children's Fund、当初は国連国際児童緊急基金（United Nations International Children's Emergency Fund）と称した。
5 The State of Food Security and Nutrition in the World Report

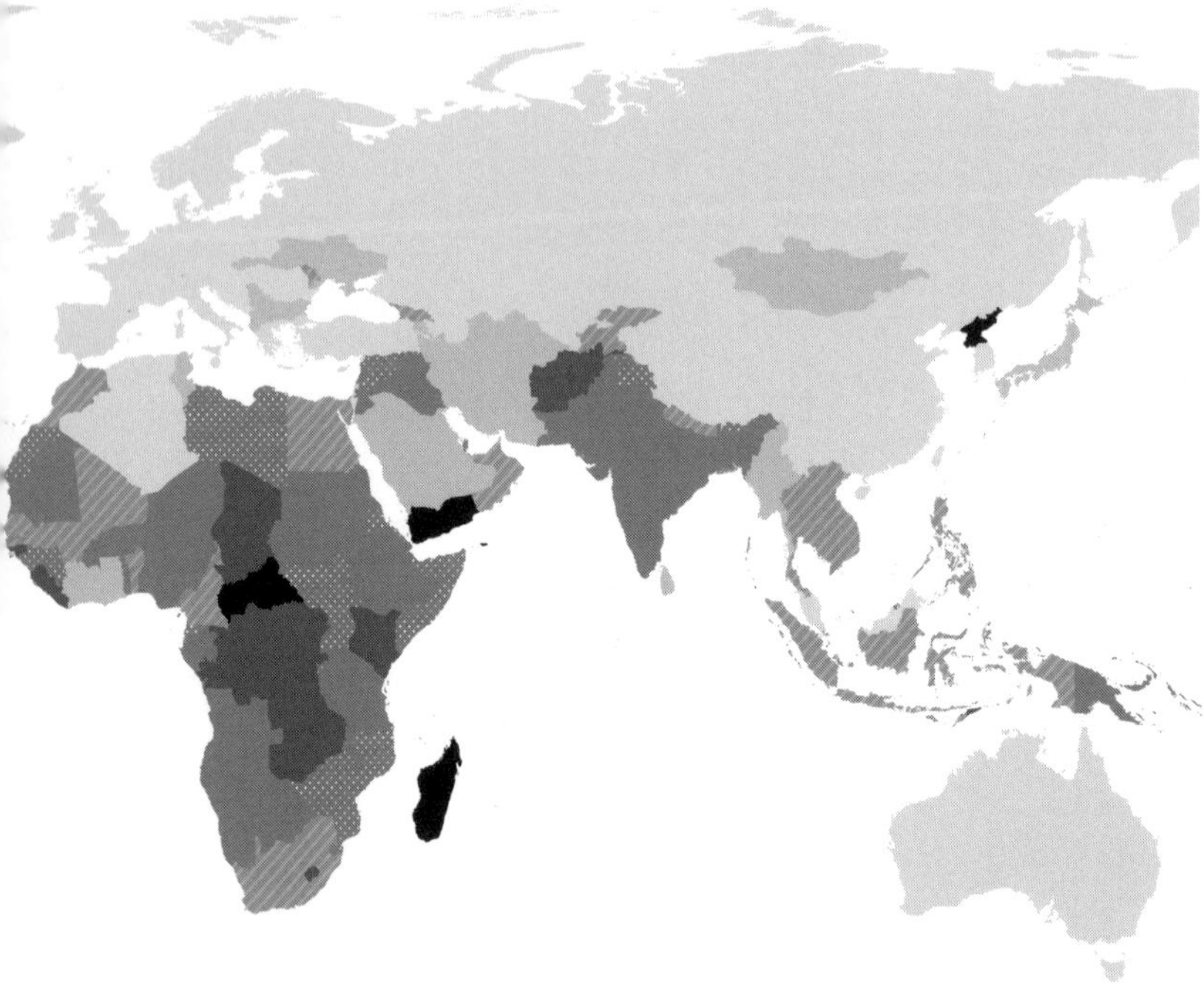

図表③　国連食糧農業機関（FAO）飢餓地図
栄養不足の人口の割合（2019〜2021年）

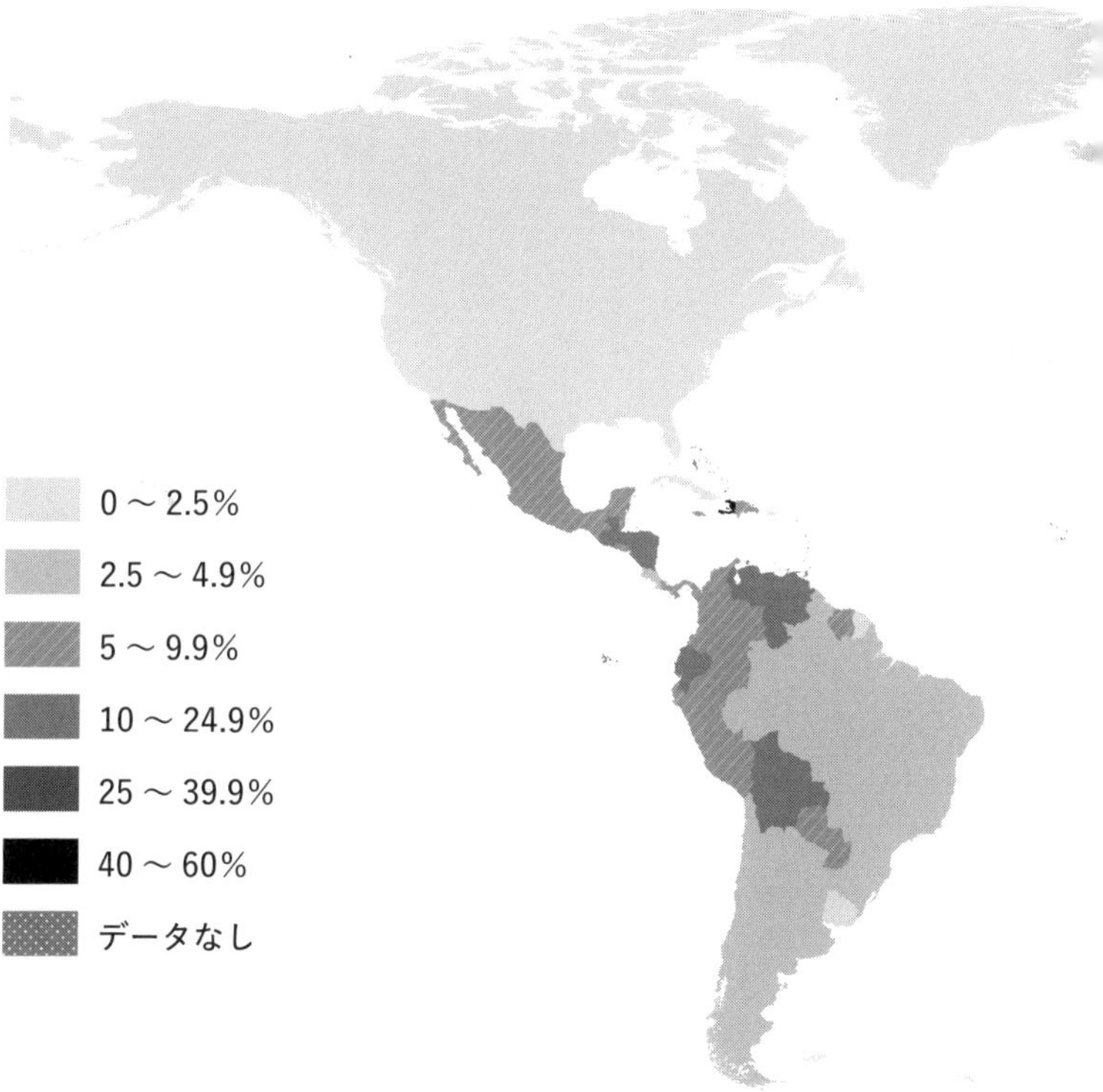

だと思うし、あとで述べる穀物などの供給についての優先順位をしっかりと考えることで解決を目指すべきだが、人口増加に合わせた穀物の生産増大は困難なことが多いというのが、多くの識者の共通認識ではないかと思う。

二〇〇八年の食料危機が叫ばれた時期に、今後の食料価格の見通しについて、農林水産省でもモデルをつくり、長期需要予測を始めた。当時、米国農務省、経済協力開発機構（ＯＥＣＤ[6]）が行っていたことを日本でも独自に分析しようとしたのである。筆者は予測モデルの作成に当たり、こんな難しいことができるのかと思った記憶があるが、ＯＥＣＤでモデルを担当したことのある研究者と農水省の研究者などが中心となり予測モデルを構築し、予測を開始した。

そのときの、米国農務省、ＯＥＣＤ、日本の予測は、細部に違いはあるものの、いったん上昇した穀物価格がそれ以前と同じような低価格に戻ることはなく、ある程度高い価格で推移するような時代に変化するということであった。食料価格が低迷する時代が来ることは、長期的に見ればもうないということが予測されたということである。

そして、そのころより各国とも食料安全保障について、国としてしっかりと対応することが大切だという認識が強くなってきたと思う。先に述べたように、ローマで開かれた世界食料サミットでは、日本の福田康夫内閣総理大臣が参加するとともに各国も大統領、首相が参加するものとなり、各国の食料安全保障に関する意識が高いことを示した。

ちなみに、食料の価格が上昇することについては、ほかの財の価格変化と同じ点、違う点があることについて次のような譬《たと》え話がある。

クルマやパソコンの価格が低下したらどうなるか。価格が下がったのでこれまで買うつもりがなかった人のなかから、クルマを買い替えようという人、パソコンを買おうという人が現れて、価格の低下は止まり一定の価格に落ち着く。

同様に食料の価格が低下したらどうなるか。価格が下がったので一日の食事を二倍にしようという人はあまり現れず、価格の低下は止まりにくい。

6 Organisation for Economic Co-operation and Development

クルマやパソコンの価格が上昇したらどうなるか。価格が上がったのでクルマの買い替えを次の車検まで待とうという人、パソコンもいまのままで我慢しようという人が現れて、価格の上昇は止まり、一定の価格に落ち着く。

買うのを〝我慢〟することが発生し、価格が落ち着くのである。

同様に食料の価格が上昇したらどうなるか。たとえば、一日一〇〇〇円の生活費で暮らす家族がいたとして、従前、一日の食費が四〇〇円であったものが二倍の八〇〇円になったらどうなるか。食べないことには生きていけないのでほかの物を我慢して、食費を八〇〇円に増やすだろう。一日の食費が三倍になったらどうか。生活費は一〇〇〇円なので一〇〇〇円分しか食料を購入することができず、それ以上のものを買うことは我慢することになる。それによって価格は一定の範囲内に落ち着くであろう。

どちらも消費に我慢が生じることによって価格は落ち着くのであるが、その我慢の影響がどのようなところに生じるかについては違いがある。とくに、一日の生活費が多い人と少ない人ではその影響が大きく異なる。これを国レベルで考えると、貧しい国々で食料自給率が低い国々は、食料価格の上昇の影響を甚大に受けることになる。

一‐六　地球温暖化の農業生産への影響

地球温暖化問題は、人類が直面している極めて大きな問題である。

地球の周りには大気の層があり、二酸化炭素などの温室効果ガスがあることで一定の気温が保たれ、人類が生存することができている。もし、大気、温室効果ガスがなければ、地球に降り注いだ太陽の光がもたらす熱はほとんど反射してすぐに出ていくことになり、地表の温度はマイナス一八度になるともいわれている。

このように地球の気候を暖かく保ってくれている温室効果ガスであるが、最近はその効果が過剰になり、「地球温暖化」の状況が進んできていることが大きな問題なのである。

すでに地球の気温は工業化が進む以前と比べて一・一度ほど上がっているとされており、この温暖化の進行にともなって、人類と地球自体に対してさまざまな問題が顕在化してきている。

　南極や北極の氷が溶けることによって海面が上昇し、低地の多い島国は国土が水没する危機にあることがよく指摘される。また、気候の変化によって動植物の生存に深刻な危機を与えたり、伝染病などが増えること、異常気象が頻発し被害が発生することなどが指摘されており、すでにそのような影響が出はじめている。

　農業生産の分野にはどのような影響があるだろうか。

　暖かくなるところが増えるという点で、地域によっては農業生産にプラスになることがあるというのも確かである。よく話題になるロシアとウクライナの小麦生産の増加については、地球温暖化の影響だと言う人も多い。

　しかしながら、トータルで見ると農業生産にもマイナスになるというのが定説となっている。

　まず、気温が高くなることで、これまで栽培できていたものができなくなるということが生じる。産地を北に移せばいいのかというと、これまで耕作してきた土地の条件が変わり、そこには水が引かれていなかったり、しっかりとした区画になっていなかったりすれば、気候だけ同じでも同じようには生産できない。とくに日本のように、その土地ごとに、水田なら水田向けに水を引いて、手間をかけて水田という生産装置をつくってきた国では、気候の変化で簡単にこの生産装置を動かすことは難しい。

地球温暖化が進んでいることを前提としてそれに対する「適応策」、たとえば、暑くてもしっかりと実る品種の開発、栽培の工夫などを進めているのも事実だが、これにはかなりのコストがかかり、かつ、完璧なものにすることは困難だ。

暖かくなること以外にも、地球温暖化の影響として、北米ではハリケーン、アジアでは台風などが増えてしまうという問題も指摘されている。

このような状況をなんとかしなくてはならないということで、世界各国が協調して地球温暖化を防ぐ枠組みを議論する国際会議「国連気候変動枠組条約締約国会議（ＣＯＰ[7]）」が毎年開催されている。

現在の基本的な考え方は、二〇五〇年までに地球の気温上昇を工業化以前に較べて、二・〇度上昇以下に抑えること、できるだけ一・五度以下に抑えることを目標として各国が努力するということである。国連気候変動に関する政府間パネル（IPCC[8]）が二〇一八年に公表した報告書では、将来の平均気温上昇が一・五度を大きく超えないようにするためには、二〇五〇年前後には世界の二酸化炭素排出量が正味ゼロとなっていることが必要だとされている。

そのような状況下で、各国とも若干の違いはあるが、だいたい二〇五〇年までにカーボンニュートラル（＝温室効果ガスの排出量と吸収量を同じにすること）を達成することを宣言している。

日本も、二〇二〇年の一〇月に、「我が国は、二〇五〇年までに、温室効果ガスの排出を全体としてゼロにする、すなわち二〇五〇年カーボンニュートラル、脱炭素社会の実現を目指すことを、ここに宣言します。」（第二〇三回国会における菅義偉内閣総理大臣所信表明）としている。

二〇五〇年カーボンニュートラルと言ったときの「カーボンニュートラルな状況」とはどういうものであろうか。全体として化石燃料などに由来する地球温暖化を進める二酸化炭素の排出がないということであるが、まったく二酸化炭素を発生させないということは難しい。そのため、森林などで二酸化炭素を吸収することなども含めて、プラスマイナスでゼロにするということになる。二酸化炭素の排出を極限まで減らすという努力が必要であるのと同時に、吸収源の活用も極めて重要になっていく。日本は豊かな森林を吸収源とするという観点で活用していくことが今後大切になっていくだろう。

温室効果ガスにはさまざまなものがあるが、そのうち一番大きな割合を占めるのが石炭・石油・天然ガスなどの化石燃料由来の二酸化炭素である。

これまで多くの石油や石炭・天然ガスなど化石燃料がエネルギーとして使われてきた。これが地球温暖化の大きな原因であるとすれば、それを使わないようにしなければならない。

化石資源から得られるエネルギーの代わりに、二酸化炭素を発生させて地球温暖化を進めることのないエネルギー、再生可能エネルギーを使おうということで

7 Conference of the Parties
8 Intergovernmental Panel on Climate Change

ある。

再生可能エネルギーとは地球資源の一部など、自然界に常に存在するエネルギーのことで、太陽光、風力、地熱、波力、水力、そしてバイオ燃料などがある。いずれもそれ自体をうまく活用できれば二酸化炭素を発生させることなくエネルギーとして利用できたり、カーボンニュートラルを実現できる。

一―七　カーボンニュートラルで食料危機

再生可能エネルギーのひとつとして、大きな期待を集めているのがバイオ燃料だ。バイオ燃料はバイオマス（動植物など生物資源の総称）から作られる燃料のことである。

用途としては、石油・石炭・天然ガスなどの代替としての活用である。

バイオ燃料は、燃焼したときに石油などと同じで二酸化炭素を排出する。排出するが、それは原材料（バイオマス）の成長過程で行われる光合成によって大気中から吸収した二酸化炭素で、つまり吸収したものを排出しているにすぎない。

排出されたものは、再び原料となる植物などが成長するときに吸収される。循環するわけで、結果的に二酸化炭素の排出はゼロということでカーボンニュートラルが実現されることになる。

木質バイオマス——木材のこと、きちんとした形になっている必要はなく、破片でも構わない——については、石炭の代わりに発電で使われたり、ガス化されてガス燃料として使われたり、ペレット化されてストーブに使われたりする。発電だけでなく熱利用などにも活用することが大切とされている。

家畜の糞尿《ふんにょう》、食品廃棄物などはメタン発酵によってガスを得ることができる。これは発電に用いることもできるし、ガス燃料として利用することも可能である。

藻類は光合成を行い、代謝産物としてオイルを産生するが、成長が速く生産効率が高いことから期待されているバイオマス資源である。

そのようなバイオ燃料のなかで、ディーゼルやガソリンの代替としての役割が期待されているのが、バイオディーゼル燃料とバイオエタノール燃料である。

ディーゼルエンジンは、もともと落花生油を燃料とするエンジンとして一九世紀末に発明されたもので、バイオディーゼルを燃料とすることを前提にしていた。しかし天候に左右される落花生の生産は供給面で不安があったことなどから、原油を原料とする軽油が主流となっていく。そして地球温暖化対策のなかで、再びディーゼルエンジンの燃料としてバイオディーゼルが注目されるようになっている。

バイオディーゼル燃料の原料は、菜種油、大豆油、パーム油、オリーブ油などだ。このバイオディーゼルがヨーロッパでは地球温暖化対策の切り札として位置づけられ、菜の花畑を拡大して菜種油を増産し、自動車燃料をバイオディーゼルに切り替える動きがあった。

ところが二〇一五年に、ディーゼル車の普及を積極的に進めていたフォルクスワーゲン（VW）の排ガス規制逃れが発覚してしまう。VWは、米環境保護庁（EPA）の排ガス規制を満たすために一部のディーゼルエンジン車に不正なソフトウエアを搭載することでデータを誤魔化していたとされる。この不正がディーゼル車そのものへの不信感につながり、ヨーロッパでのバイオディーゼル車の期待も一気にしぼみ、関心はＥＶ（電気自動車）へと移ってしまっている。

一方のバイオエタノールは、トウモロコシやサトウキビなどのバイオマスを発酵させて製造するアルコールの一種である。焼酎を、さらに濃くしたものと同じだと考えればいい。

バイオエタノール燃料の導入に最初に動きだしたのがブラジルで、一九七五年にブラジル政府は「国家アルコール計画」を発表している。一九七三年一〇月に始まる第一次オイルショックで、国際原油価格が高騰し、国内使用原油の約八割を輸入に依存していた当時のブラジル経済は大きな打撃を被った。

そこでブラジル政府は、ガソリンの代替燃料として、サトウキビから生産できるバイオエタノール燃料の生産拡大と需要促進を国策として推進したのだ。その結果、「国家アルコール計画」の政策目的だった原油の自給を、二〇〇六年に達成している。

じつは砂糖生産の世界第一位はブラジルで、二〇二一年で世界の二五パーセントを占めている。これは、「国家アルコール計画」によるバイオエタノールの原料とするサトウキビの栽培が奨励されたためである。ブラジルはサトウキビを原料とするバイオエタノールの生産と利用、そして砂糖の生産を増やしてきているのだ。

ただし問題もある。サトウキビ畑を急激に拡張するために森林破壊がブラジルでは加速していることだ。それによって、環境への悪影響が大きくなっている。

ともあれ、バイオエタノール燃料への関心は高まりつつある。米国でも第一次オイルショック以降は急激にバイオエタノール燃料の生産量が増えている。二〇〇五年には、バイオエタノール生産量でブラジルを抜いて世界一となった。

米国のバイオエタノール燃料の主原料となっているのは、トウモロコシだ。二〇二一年一一月九日に米国農務省（ＵＳＤＡ）が公表した米国のトウモロコシの需給見通しによれば、二〇二一／二二年度（九月～翌八月）の生産量は三億八二五九万トンで、前年度比六・七パーセント増と見込まれている。

このうちバイオエタノール燃料の原料として消費されるのは、一億三三三六万トンである。生産量の三分の一近くにもなり、米国が輸出している六三五〇万トンの二倍以上にもなる。ちなみに日本が輸入しているトウモロコシの量は年間一五〇〇万トンであるから、その八倍以上が米国でバイオエタノール燃料の原料として消費されていることになる。

一―八　食料と燃料の競合――人間よりクルマが優先される

こうしたバイオエタノール燃料への関心の高まりには、食料危機に拍車をかけてしまうリスクもある。

二〇一二年の夏以降、トウモロコシの価格が高騰し、高止まりの状態が続いた。原因は北米、中国、ロシアなどで広がった干ばつによる不作のためだ。生産量が急減したことで、値上がりを見込んだ投機マネーも流れ込み、トウモロコシの価格を押し上げた。

そして、さらにトウモロコシの価格を押し上げる原因になっていたのがバイオエタノールだ。

一定量をガソリンに混ぜることを続けるためには、バイオエタノール燃料の生産を止めるわけにはいかない。つまり、バイオエタノール燃料生産のためのトウモロコシを確保しつづけなければならない。二〇一二年のトウモロコシ価格高騰のときも、米国ではバイオエタノール燃料生産のために全生産量の三〇パーセントにあたる年間一億二〇〇〇万トンのトウモロコシを消費しつづけていた。当時、世界的な飼料用穀物の不作があり、飼料不足とも言われたが、バイオエタノールへの供給量が減ることはなかった。

米国のバイデン政権は、二〇二二年四月一二日、バイオエタノールを一五パーセント混合したガソリンの通年販売を許可することを発表した。それまで一般的に混入されていた割合は一〇パーセントだったので、さらに米国のバイオエタノール燃料の生産・消費は増えることが予想されている。

バイオエタノールは、量の奪い合いだけでなく、食料の価格にも影響すると考えられる。

原油の価格が上がり、ガソリン価格が上がっていく場合、ガソリンの代替となるバイオエタノールの価格も上がっていくだろう。トウモロコシを作る農家はバイオエタノールに出荷したほうが儲《もう》かるので、これに対抗するためには、普通の食料・飼料として出荷する価格もガソリン価格の上昇に影響されて上昇していく、ということである。

これは小麦価格にも影響する。トウモロコシを作るか小麦を作るか、農家は選択できるので、小麦価格が高くない場合はトウモロコシの生産に流れてしまうからだ。

ガソリンと小麦、エネルギーと食料、異なる経済原則で動いてきたと思っていたものが、現在は、お互いに関連している。

原油の価格が高騰すればバイオエタノールの価格も高騰し、その原料であるトウモロコシの価格が高騰すれば小麦の価格も高騰する。世界のなかでは、食とエネルギーにこのような関連性が生じていることにも留意する必要がある。

一―九　中国の人口増加と経済発展の影響

日本の食料安全保障を考えるとき、大きな要素となってきているのが中国、インドをはじめとした世界各国の人口増と経済発展である。

とくに、中国の状況は大きな影響を与えつつあると言える。

米国の人口も一九六〇年の一億八〇〇〇万人から二〇二二年には三億二〇〇〇万人と、約一・七倍に増えている。ちなみに日本では、一九六〇年の九三四二万人から二〇二〇年には一億二六〇〇万人と一・三倍となっている。ただし、二〇〇八年の一億二八〇〇万人をピークに、日本の人口は減りはじめている。

これに対して中国の人口は、一九六〇年の六億六〇〇〇万人から二〇二〇年には一四億一〇〇〇万人と、二・四倍に増加している。絶対数を比較しても、二〇二〇年で米国の四・五倍近くと、圧倒的な多さである。

世界の食料事情を考える際に、中国の状況を把握しておくことはとても重要である。

人口が圧倒的に多いことにより、その胃袋も大きい。つまり食料の消費量も多いということである。

また、中国経済の発展が人口以上のインパクトを与えている。

それは、中国人の食肉の消費量が増えているということである。

一九六〇年代には中国人のひとり当たりの年間食肉消費量は五キログラム未満にすぎなかったが、一九八〇年代後半には二〇キログラムまで増加し、現在では六三キログラムにまで増加している。この消費量を賄うために中国は国内での食肉の生産を増やしてきているが、それだけでなく大量の食肉を輸入するようになっている。

中国農村農業部の発表によると、二〇一九年における中国の食肉生産量は、牛肉が六七〇万トン、鶏肉を含む家きん肉が二二三九万トン、そして豚肉が四二六〇万トンとなっている。

これだけの家畜を飼育するには飼料が必要となるが、その飼料として欠かせないのがトウモロコシである。

一九九六年に中国政府は『中国食糧白書』を発表するとともに、食料安全保障を最大の課題として、食糧自給率九五パーセントを維持すると世界に向けて宣言している。「食糧」であるから、ここで意味するのは米、小麦、トウモロコシといった穀物である。米と小麦については自給できているとの見方が強いが、トウモロコシについては肉食の急増によって食肉生産を増やす必要から、輸入する量も多くなっている。

中国のトウモロコシの輸入について米国農務省のデータによれば、二〇一八／一九年は約四四八万トン、二〇一九／二〇年は七六〇万トンに対して、二〇二一／二二年は二四〇〇万トンに急増するだろうとしている。食肉生産のために莫大《ばくだい》な量のトウモロコシを必要としているのは事実である。

中国人の肉食はもっと広がると予想されているなかで、トウモロコシの需要もさらに大きくなることは間違いない。中国も国内でのトウモロコシ増産に力を入れてはいるものの、それで完全に需要を賄うことは難しく、ますます輸入を増やしていくと思われる。世界で生産されるトウモロコシが中国に吸収されつつあるようにも見える。

インドについても、今後同様なことが起こると考えられる。

世界の人口増、経済発展による肉食の増加が、世界の食料の需給状況に与える影響は極めて大きなものがあることに留意すべきである。

一一〇　世界の穀物在庫の過半数は中国が所有

世界の穀物在庫の状況はどうであろうか。

一般的に在庫が多ければ、いざというときにそれを充当できるので危機に強い、または在庫がたくさんあるときは大きな危機ではないと考えられる。

現在の世界の穀物在庫を見ると、二〇二一／二二年度末で八億トン弱と過去最高水準であり、二〇〇八年当時と比べると約二倍となっている。

では、いまは危機ではない安全な状況と言えるのだろうか。

現在の穀物在庫がどこにあるかを見てみると、その過半数を占めているのは中国である。世界在庫に占める中国の割合は、穀物ごとに小麦で五一・一パーセント、トウモロコシで六八・八パーセント、米で五九・八パーセントとなっている。

二〇二二年五月二七日の中国外交部の定例記者会見では、「中国は国際市場から穀物を買い占めているという批判が西側諸国から出ているが、どう考えているのか」という質問が記者から出た。それに対して中国外交部は、「中国は穀物の自給自足と絶対安全という基本方針をとっている世界最大の穀物生産国であり、買い占めをする必要はない」旨の答えをしている。

買い占めかどうかは別として、統計で見る限り世界の穀物在庫量の過半数が中国に積み上げられているのは事実である。

図表④　世界の穀物備蓄と中国の割合　（単位：万トン）

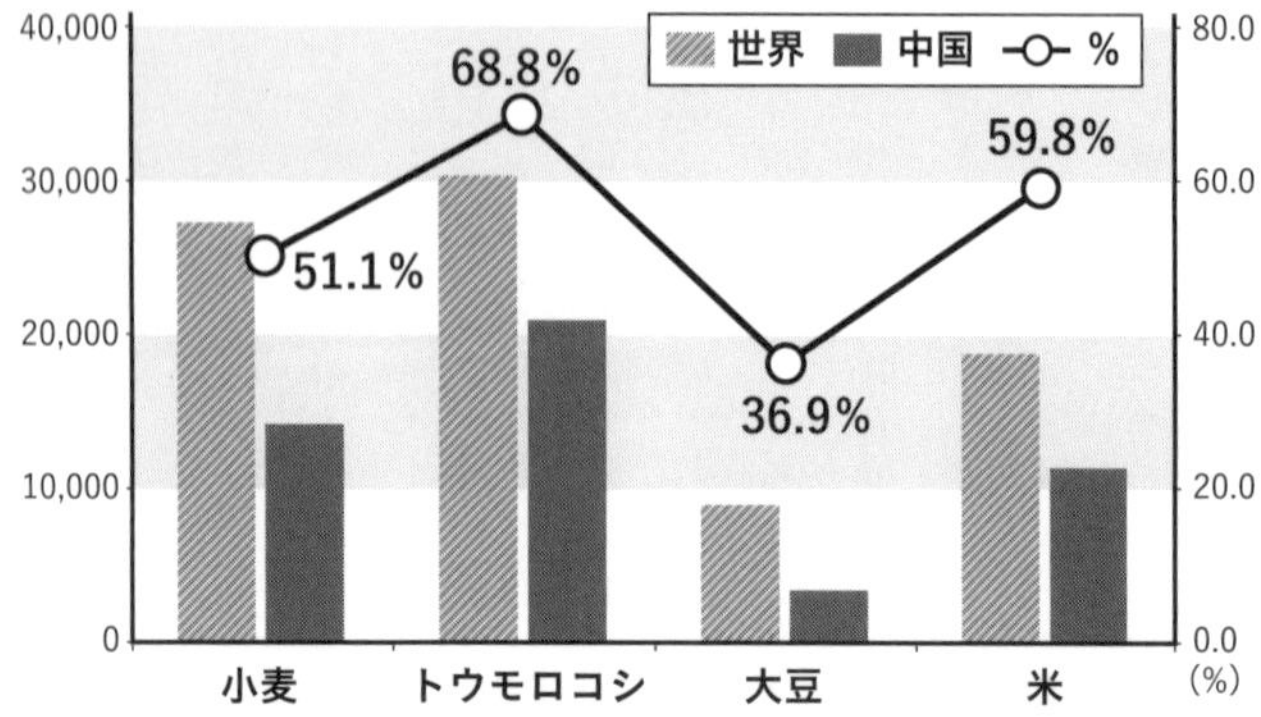

一般的に、全世界で穀物在庫が多いということは、穀物価格の上昇を抑える効果があるとされているが、現在の在庫量でその効果が発現しているかどうかについてはよくわからない。

また、穀物在庫が直接食料安全保障上の効果を発揮するのは、その在庫を持っている国だけであることには注意が必要である。

なお、中国は食料安全保障に関して、いくつか注目すべき対応を行っている。

中国共産党の第二〇期党大会が、二〇二二年一〇月一六日から二二日まで開催された。党大会は五年に一度開催される、中国の最高意思決定機関である。

そこでは食料問題が大きなテーマとされ、「食糧の緊急保障がより力強いものになった」と報告されている。

習近平国家主席は、食糧を重視する方針を明らかにしている。二〇二二年三月六日の全国政治協商会議の農業分野などの委員との会合に出席した習国家主席は、「『糧食』の安全にいささかの油断もなく取り組んでいく必要がある」と強調した。

そして国内生産を主体としていく姿勢を明らかにし、同時に「適度な輸入」とも述べている。

自給を大前提としながらも、食料供給の安全から輸入も重視するという姿勢である。ちなみに先にも触れたが、「糧食」とは中国で用いられている概念で、米、小麦、トウモロコシなどの穀物に豆類、イモ類も含まれる。

中国の食料政策は徹底しているように思われる。

二〇二一年四月二九日には、「反食品浪費法」が可決されている。飲食店での食べ残しを禁止する法律で、過剰な量の食べ残しをした客に飲食店が食べ残しの処分費用を請求できる。さらに客に大量の注文を許した飲食店には、最大で一万元（日本円で約一六万円）の罰金が科されることになった。飲食店も客も、食べ残しを出さないことを強制されることになったのだ。

さらに、ネットでの「大食い動画」の配信も禁止された。大食い番組に関わったテレビ局や動画配信業者には、最大一〇万元（約一六〇万円）の罰金が科されるようになった。中国国民から大食いの意識を徹底して排除しようという強固な姿勢が感じられる。

中国は、食料の国内生産を強化し、同時に食料の浪費を防ぐことによって国民を飢えさせない体制づくりを急いでいると考えられる。

穀物の在庫を増やしているのも、その一環として位置づけられているのではないだろうか。中国だけが在庫を積み増して、日本が備蓄を軽んじていれば、もしもというときに、中国の人々だけが生き延びるということにもなりかねない。

第二章

日本の食に起きていること

二－一　食料を自給できない国は……

「食料を自給できない国は独立国ではない」と、ナチス侵攻でフランスが失陥したあと、英国でロレーヌ十字の自由フランスを樹立し、臨時政府で最初の首相となったシャルル・ド・ゴールは語っている。

　君主制、共和制、民主制など体制がどうであれ、国としての義務は国民を幸せにすることである。それには、国民を食べさせ、飢えさせないことが基本となる。それができないようでは、国として不十分なものでしかない、とド・ゴールは考えたのであろう。

　同様な発言は数多《あまた》ある。

「君たちは、国民に十分な食料を生産自給できない国を想像できるかい？　そんな国は、国際的な圧力をかけられている国だ。危険にさらされている国だ」（二〇〇一年七月二七日、ジョージ・W・ブッシュ大統領）

「食うものだけは自給したい　個人でも　国家でも　これなくして真の独立はな

い」（一九五五年、詩人で彫刻家の高村光太郎が戦後の岩手県の開拓に寄せた詩の一節）

「六〇パーセントの食糧を外国に頼っているということは、外国に生命線を握られているということです。国として独立してはいますが、食べものに関しては従属国家でしかない、ということになります」（小泉武夫氏の著作等）

食料が国民にしっかりと行き渡るようにすること、そのための一番直接的な方法は、食料を自給することである。その重要性については、昔から日本の為政者も認識してきたと思われる。

江戸時代の日本には三〇〇〇万人が暮らしていたといわれるが、この三〇〇〇万人が食べていけるようにすることは、江戸幕府にとっての最大の課題だった。鎖国をしていた江戸時代の日本に海外から食料は入ってこなかったため、すべてを自給するしかなかった。

そのために、江戸幕府も田を管理し、新田の開発に熱心に取り組んでいる。当時の日本人のカロリーを賄っていた米を生産し、国民を飢えさせないためである。

米を自給し、江戸幕府は独立国としての体制を守ろうとしたわけだ。

その努力の積み重ねが、現代の日本農業の礎《いしずえ》にもなっている。現在の日本の農地は、ほとんどが人工的に水を引いて整備されたものであり、それによって農作物の栽培が可能になっている。

たとえば房総半島は、もともと山ばかりの土地で、農業ができるような土地ではなかった。そんな土地だったにもかかわらず、利根川から水を引き、房総半島の丘の上までポンプで引き揚げて農業用水とし、半島全体で農業が成り立つような環境に整えてきている。そのような努力が江戸時代から全国で続けられてきた。それによって農業が可能な土地になったところに人が定住するようになり、現在の姿になっている。鎖国下で独立国であるための努力を、日本は続けてきたということである。

現在、日本の食料自給率（カロリーベース）は三八パーセントである。

人口の増加、産業構造の変化などが進むなか、現在の日本の食料にはどのような問題があるのだろうか。

食料自給率が下がってきたことについてどう考えればいいのか、また、量の充足以外の問題についても考える必要があるのではないか、順次見ていくことにしたい。

二―二　食料自給率の意味

国民を食べさせるというときに、どの程度食べさせられているかを示す指標として食料自給率がある。

食料自給率というときに、一番よく使われるのが「カロリーベース総合食料自給率」である。これを農林水産省はホームページで、〈基礎的な栄養価であるエネルギー（カロリー）に着目して、国民に供給される熱量（総供給熱量）に対する国内生産の割合を示す指標です。〉と説明している。現在の食生活で国民が消費するカロリーのうち、国産でどれだけ供給しているかという指標になる。日本の場合、このカロリーベース総合食料自給率は二〇二一年度で三八パーセントとなっている。

もうひとつの自給率が、「生産額ベース総合食料自給率」である。農水省は、〈経済的価値に着目して、国民に供給される食料の生産額（食料の国内消費仕向額）に対する国内生産の割合を示す指標です。〉と説明する。一年間に国内で消費された食料の金額のうち、国内で生産された額になる。こちらは、二〇二一年度で六三パーセントである。

じつは、一九七〇年代まで食料自給率と言うときは、生産額ベース総合食料自給率を指していた。しかし食料については、金額が高ければカロリーも高いというわけではない。高級果物は値は張るけれども、いざとなったときに、国民を養うことはできない。

人が生きていくためには、やはりカロリーが重要だというので、食料安全保障に関する議論をするときにはカロリーベースでの自給率を使うのが通例となっている。

気をつけねばならないのは、食料安全保障上はカロリーベースの自給率の向上が大事だからといって、カロリーが高くても安い農作物の生産を農家に押しつけ

図表⑤　1965年度以降の食料自給率の推移　（単位：％）

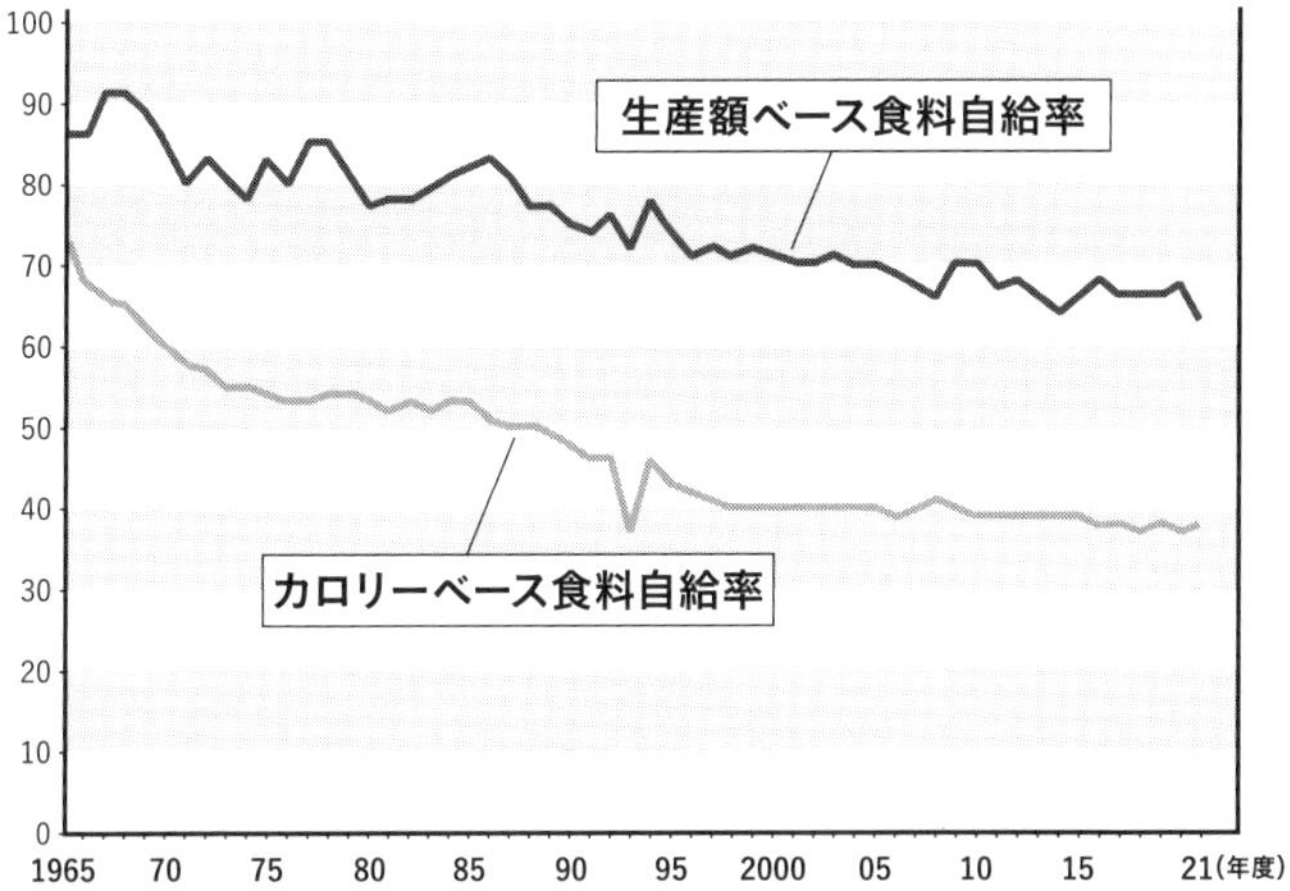

てはならないということだ。

　それではカロリーベースの食料自給率は向上しても、農家の家計が成り立っていかないし、国全体の経済も発展していかない。農家が、農業によって豊かな生活を実現するために高付加価値の作物を手掛けて、しっかり稼ぐのは当然のことであるし、その方向を目指していくべきである。

　自給率で生産額ベースよりカロリーベースが重視されるようになったのは、一九九九年にそれまでの「農業基本法」から「食料・農業・農村基本法」（以下、新基本法）に代わるときの論議が大きく影響している。この新基本法の制定で、食料自給率を政策目標にすることが初めて定められた。

それに先駆けて一九九七年四月に、食料・農業・農村基本問題調査会が橋本龍太郎総理の諮問《しもん》機関として発足し、そこで食料自給率が論議されている。一九九七年一二月には「中間取りまとめ」が提出されたが、そのときは食料自給率を政策目標にすることには反対意見もあり、両論併記となった。

そこには、「わが国の食料自給率が先進国のなかで極めて低く、世論調査でも、国内で農産物を作るほうが良いと考える人が八割以上占めていることなどから、食料自給率の目標を明示し、その実現を図るべき」といった意見と、「食料自給率を政策目標に設定しその達成を図るためには、行政が国民の食生活に積極的に介入し国民の消費行動をコントロールする必要があるが、それは困難であり、政策目標とすべきでない」といった意見が書かれている。

諮問を受け、一九九八年一〇月には全国四ヶ所（札幌、仙台、岡山、熊本）で地方公聴会、各部会に分かれての議論を進めたのち、一三回の合同部会が開催され、一二月一九日に中間取りまとめ——このときも両論併記だった——が行われた。

調査会は、中間取りまとめを公表し、広く意見を聞くために、翌年三月に全国四ヶ所（新潟、東京、名古屋、京都）で再度の地方公聴会を開いた。そして各部会での検討を経て、答申取りまとめに向けた議論を行い、これらを経て、九月一七日に答申が決定され、東京大学名誉教授木村尚三郎会長から小渕恵三内閣総理大臣に手渡された。その間には延べ五三回の会合と議論が重ねられたわけである。

答申においては、〈食料自給率は、国内で生産される食料が国内消費をどの程度充足しているかを示す指標である。〉としたうえで、〈（前略）このように食料自給率は、農業者、食品産業、消費者等関係者のそれぞれが問題意識を持って具体的な課題に主体的・積極的に取り組むことの成果として、維持向上が図られる性質のものである。こうした点について国民全体の理解を得た上で、国民参加型の生産・消費の指針としての食料自給率の目標が掲げられるならば、食料政策の方向や内容を明示するものとして、意義がある。〉と結論を出している。

議論の過程では経団連からの意見もしっかりと出されており、それも踏まえた総合的な考え方だと思う。

そして、最終的には農水省内や国会の審議や修正を経て、新基本法において食料自給率の政策目標化が法律に定められることになった。

食料自給率について、カロリーベースの自給率のこの部分の計算方法はおかしいのではないか、とか、そもそもカロリーベースの自給率は意味がない、とか、さらに自給率を示すことにも意味がない、などさまざまな意見が述べられることがある。

いろいろな考え方を論拠に基づいて主張して議論を行うことは大切だと思うが、単純なひとつの見方で極端な主張をする論者は相変わらず多い気がする。そういう主張をするときは、このときの経過を振り返ることが大切であると考える。

こうしてできた新基本法の考え方に基づき、農水省だけでなく、関係省庁が日本の食料・農業・農村を発展させていこうと努力をしているわけだが、たとえば、小学校の社会の教科書に食料・農業・農村が大きく扱われすぎているとか、子供のころから食料自給率が低いことは問題だという意識を持たせるのが良くないという主張があるとすれば、それは政府全体の考え方からすると採用できない考え方である。さらに経済界がこのような考え方をしているということも実態に即していないと思う。

筆者は、先端的な産業・技術についての担当（経済産業省産業技術環境局長）をしたこともあるが、経済界で活躍する人々との議論では、「日本は食料・農業・農村がしっかりとしているからそれを基にして先端的な技術を開発し、各産業を発展させていける」、または「食料・農業・農村をしっかり発展させてこそ先端的な技術を開発し、各産業を発展させていける」という話を多く聞いた。食料自給率が低いことについて肯定的な評価をする人は少数派だと感じている。

また、農水省が「予算を拡大するために」食料自給率のことを言い出したというのも実感としてはない。筆者は一九八三年に農水省に入省したが、そういう話は聞いたこともないし、自給率の担当としてそういう議論をしたこともない。もしそういう議論があったとしたら、筆者より五年から一〇年先輩の方々が省内でそのような議論をしたということを自ら言っているのだろうか……そんな人がいたとはあまり思えない。

二―三　なぜ食料自給率は下がったのか

日本におけるカロリーベースでの食料自給率は、一九六五年度が七三パーセントであった。

ちなみに、カロリーベースの食料自給率について、食料が入ってこなくなれば自給率が上がるので自給率には意味がないと言われることがある。これについての私見については「あとがき」で述べようと思うが、一九六五年度のときで言えば、一日に供給されているカロリーは、二四五九キロカロリーであり、二〇二一年度の二二六五キロカロリーと比較しても少ない数字ではない。

このときは、一日当たりに供給されるカロリーはいま以上であり、かつ、そのなかで国産の比率が高かったということになる。

(国産熱量/供給熱量=カロリーベース食料自給率であり、一九六五年度は一七九九／二四五九＝七三パーセント、二〇二一年度は八六〇／二二六五＝三八パーセントとなっている。）

なぜ、食料自給率が下がってきたか、これにはいくつかの要因がある。また、その要因が現在にもたらす危機もある。

まず、筆者が一番大きな要因だと考えているのが、カロリーの重要な摂取源だった米の消費量が減ってきたことである。

日本人ひとりが平均して一年間に食べる米の量は、第二次世界大戦後では一九六二年度が最大で一一八・三キログラムであった。現在は、半分以下で今年（二〇二三年度）あたりは五〇キログラム程度だと想定される。

仕事が機械化されたり、オフィスワークが増えて体力仕事が減ったから米の消費が減ったということを言う人もいるが、ひとりの一日当たりの供給熱量がそれほど減っていないので、それは基本的には当たらない。

日本人の食生活の変化により、ほかのものから多くカロリーを摂取するように

図表⑥　カロリーベースと生産額ベースの食料自給率　（単位：％）

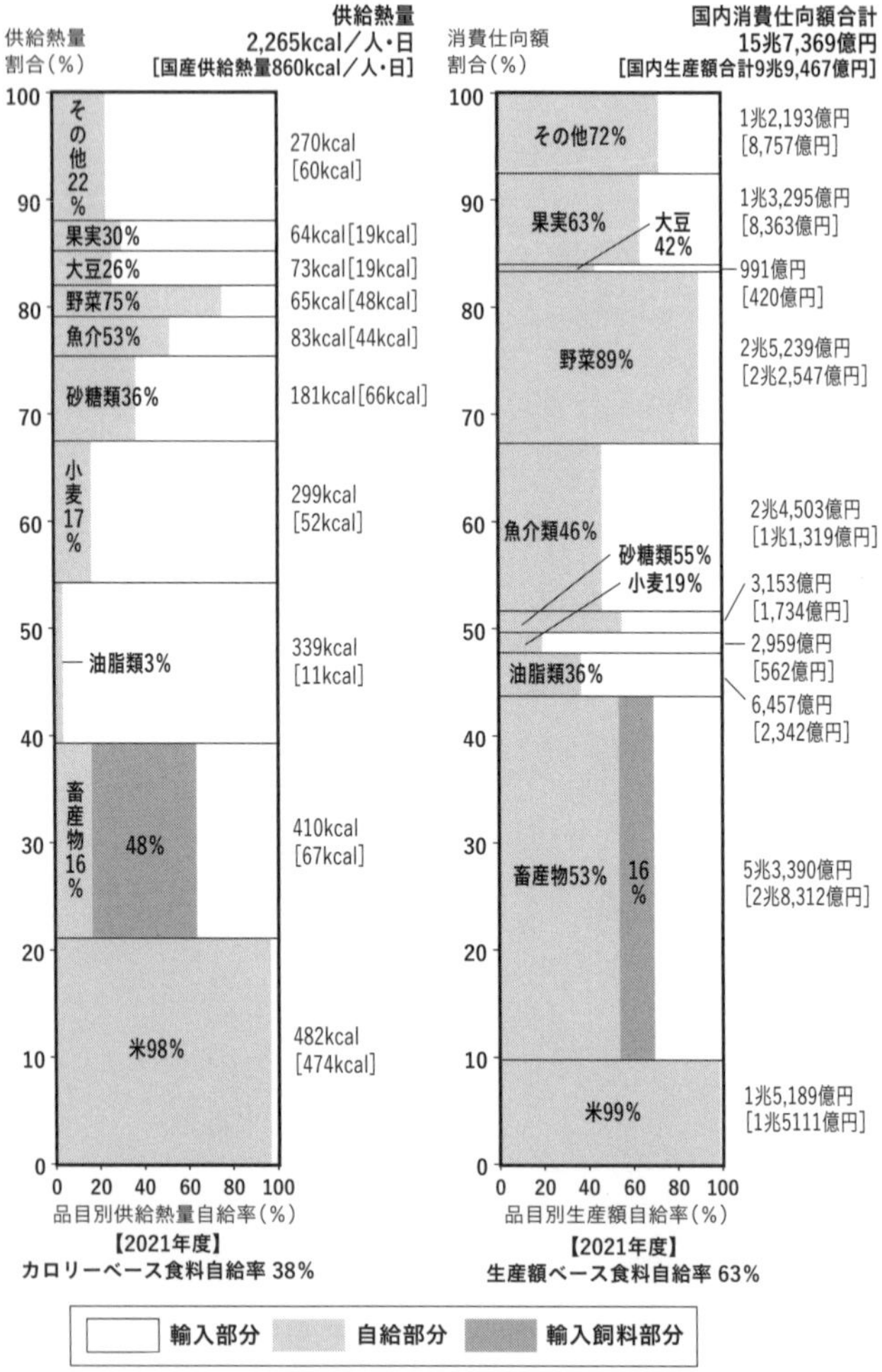
供給熱量
2,265kcal／人・日
[国産供給熱量860kcal／人・日]
供給熱量割合（％）
その他22％
果実30％
大豆26％
野菜75％
魚介53％
砂糖類36％
小麦17％
油脂類3％
畜産物16％
48％
米98％
270kcal [60kcal]
64kcal[19kcal]
73kcal[19kcal]
65kcal[48kcal]
83kcal[44kcal]
181kcal[66kcal]
299kcal [52kcal]
339kcal [11kcal]
410kcal [67kcal]
482kcal [474kcal]
品目別供給熱量自給率（％）
【2021年度】
カロリーベース食料自給率 38％
国内消費仕向額合計
15兆7,369億円
[国内生産額合計9兆9,467億円]
消費仕向額割合（％）
その他72％
果実63％
大豆42％
野菜89％
魚介類46％
砂糖類55％
小麦19％
油脂類36％
畜産物53％
16％
米99％
1兆2,193億円 [8,757億円]
1兆3,295億円 [8,363億円]
991億円 [420億円]
2兆5,239億円 [2兆2,547億円]
2兆4,503億円 [1兆1,319億円]
3,153億円 [1,734億円]
2,959億円 [562億円]
6,457億円 [2,342億円]
5兆3,390億円 [2兆8,312億円]
1兆5,189億円 [1兆5111億円]
品目別生産額自給率（％）
【2021年度】
生産額ベース食料自給率 63％
輸入部分
自給部分
輸入飼料部分

図表⑦　1965年度の品目別自給率（単位：%）と
食料消費構造の供給熱量（単位：kcal／人・日）

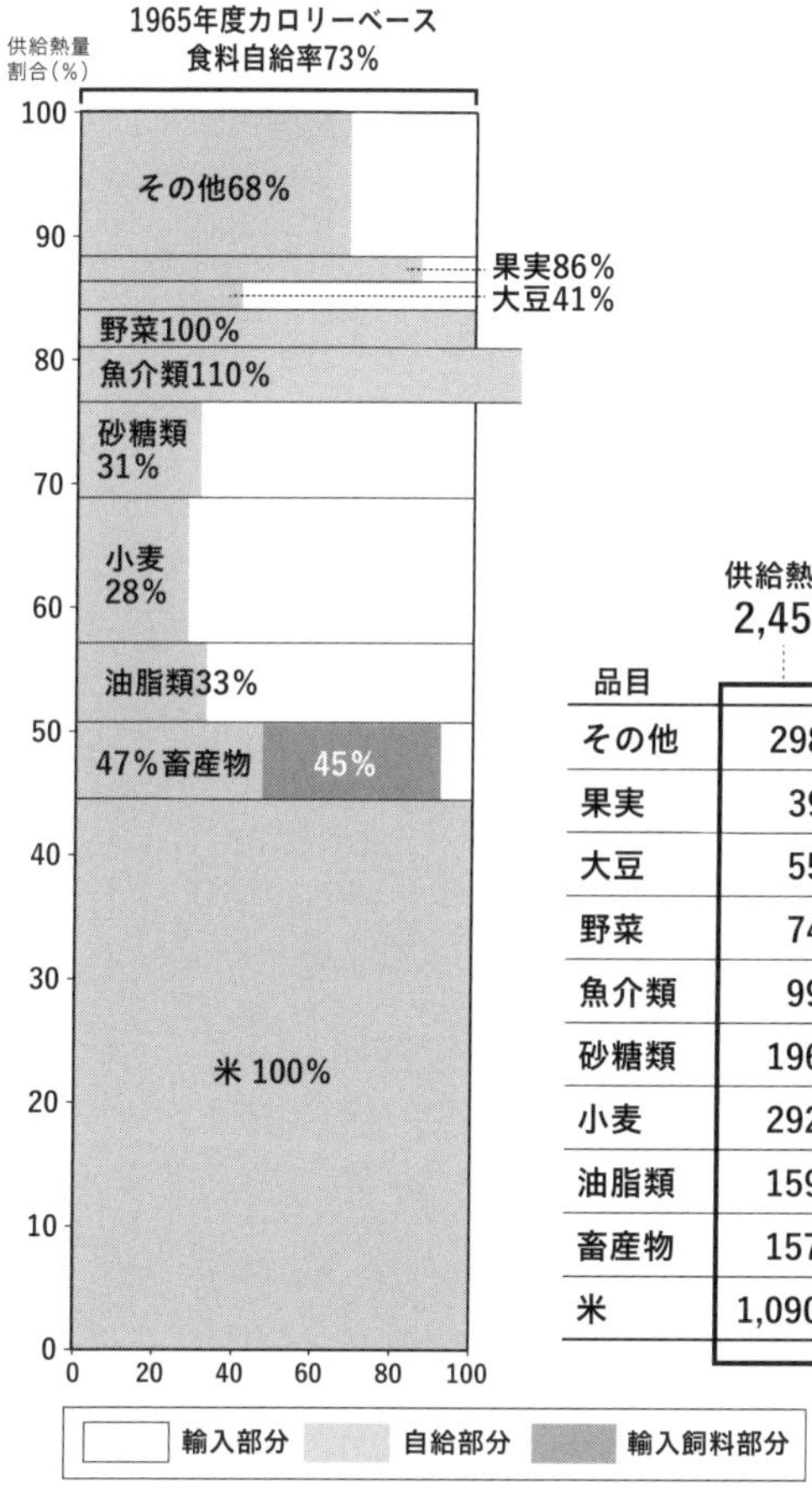

品目	供給熱量 2,459	国産供給熱量 1,799
その他	298	204
果実	39	34
大豆	55	23
野菜	74	74
魚介類	99	108
砂糖類	196	60
小麦	292	81
油脂類	159	52
畜産物	157	74
米	1,090	1,090

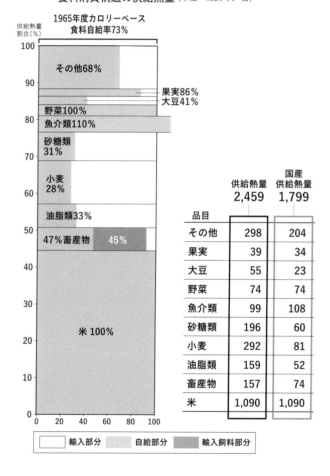

なって、自給のできる米の消費が減り、そのほかのものの国内生産が十分にできていないことにより食料自給率が低下したということである。

米を食べなくなった日本人は何からカロリーを摂るようになったのだろうか。単純にご飯からパンへ移行したと考えがちだが、実際はそうではない。

先に示した一九六五年のときに米から得ていたカロリーは、一〇八九・七キロカロリーであり、それが二〇二一年には四八二・二キロカロリーに減少している。これと比較して、一九六五年に小麦から得ていたカロリーは、二九二・三キロカロリーであり、これが二〇二一年には二九八・七キロカロリーとなっている。増えてはいるが、米の減少をすべて引き受けているという状況ではない。

なお、一九六五年の日本の人口は約九八二八万人であったのが、二〇二一年には約一億二五五〇万人となっているので、小麦の消費量は、四六三万トンから六四二万トンに増加している。

統計を見ていて目を引くのは、肉類、油脂類の増加である。

肉類から得るカロリーは、五二・三キロカロリーから一八〇・〇キロカロリーに増加しているし、油脂類から得るカロリーは、一五九・〇キロカロリーから三三八・五キロカロリーに増加している。

この増加したものについて、すべてを国内で生産することが難しかったことが自給率減少の大きな理由である。

小麦についていえば、二〇一七年から二〇二一年までの五年間で日本国内における小麦の平均流通量は、国産小麦が八五万トン、輸入小麦が四八二万トンとなっている。

その輸入元の内訳は、米国が五〇・二パーセント、カナダが三三・二パーセント、そしてオーストラリアが一六・四パーセントである。

日本とこの三国の関係は良好なので、三国が日本への輸出にストップをかける事態は考えにくいが、約一ヶ月かけて海を渡って運ばれてくるものであることを考慮すれば、リスクがないことはない。

船が第三者によって攻撃されたり、航路を遮断されて輸出できなくなるということは、ロシア・ウクライナ紛争のなかで実際に起きている。

新型コロナウイルス感染症は二〇一九年一二月に中国の武漢市で発生し、あっという間にパンデミック（世界的大流行）を引き起こし、世界中の経済活動を停滞させた。この影響で米国の集荷拠点での港湾業務が停滞し、集荷・輸出に大きな影響が出そうになったことも身近に体験したことである。

肉類については、日本人が肉を食べるようになったことにともない、肉そのものの輸入も増えたが、国内での畜産業が発展し、国内での肉生産も伸びた。

一九六五年時と比較すると、輸入される肉は一二万一〇〇〇トンから三一三万八〇〇〇トンに増加しているが、国内で生産される肉類も、一一〇万五〇〇〇トンから三四八万四〇〇〇トンに増加している。

畜産業は、国内の農業生産額のなかで三八・五パーセントを占めるようになっている。この間の品質向上の努力、競争や大規模化の動きなどドラマティックな産業構造転換も経ながら、地域を支える大産業に成長している。

そうした食肉を生産するのに欠かせないのが飼料で、それには濃厚飼料と粗飼料の二種類がある。粗飼料は、生草や乾草、藁《わら》などを原料としている。

一方の濃厚飼料は、トウモロコシ・大麦・小麦・米などの穀物、大豆などの豆類、油を搾ったあとの油粕などが多く使用される。さらに、そこに魚粉などが配合されることもある。

いろいろなものを配合するのは栄養価を高め、短時間での肥育、豊かな搾乳量、産卵を可能とするためで、近代の畜産業では欠かせない存在となっている。日本でも使用される飼料のうち八割までを濃厚飼料が占めている。

食肉の需要が高まれば、それに合わせて供給量を増やしていかなければならず、飼料の必要量も増えることになる。とくに濃厚飼料の需要が増えることになり、その主な原料であるトウモロコシの需要が増えるわけで、実際に飼料用途のトウモロコシ需要は急増している。

二〇二二年三月に農林水産政策研究所が公表した「世界食料需給モデルによる二〇三一年の世界食料需給の見通し」によれば、二〇一九年度の世界のトウモロコシ需要量は、二〇〇〇年度に較べて八六パーセントも増加している。用途別では、食用が四八パーセント、飼料用が六七パーセントの増加だった。食用よりも飼料用の増加率のほうが高い。

日本が輸入しているトウモロコシの量は年間一五〇〇万トン以上だが、これは米の国内生産量の約二倍にあたる。その六五パーセントが飼料として消費されている。飼料としての消費量は、これからも増えていくはずだ。

先に述べたように、トウモロコシは飼料用のほかに、バイオエタノールの用途が伸びており、この影響も出てくる。

油脂類については、一九六五年度には七六万六〇〇〇トンだった摂取量が、二〇二一年度には二〇一万二〇〇〇トンとなっている。油脂類、つまりてんぷら油やサラダ油などであるが、これだけ多く摂取するようになったことを説明すると、多くの人が驚く。

原料となる（油をとるための）大豆や菜種についても海外に多くを依存しており、これも自給率を下げた大きな要因である。

二-四　輸入に頼る化学肥料

農業生産が飛躍的に伸びてきた要因として、灌漑《かんがい》の普及、品種改良と並んで肥料が手軽に入手できるようになったことがある。

作物が成長するためには、大気中から太陽光の力を借りて二酸化炭素を吸収し、根から水分を吸い上げ、光合成によってでんぷんなどの有機物をつくることが重要であるが、これらに加えて、窒素、リン酸、カリを中心とした成分を根から吸収することが不可欠である。

これらの成分は、化学肥料という形でほとんどが海外から輸入されている。化学肥料の需要が伸びていること、国際情勢が不透明化していること、そのようななかで輸出国が限定されていることは大きなリスクとして横たわっている。

窒素については、植物が光合成をするために必要なタンパク質をつくるもととなるものであるが、尿素としてその多くはマレーシア、中国からの輸入に頼っている。なお、大豆など、根粒菌を活用して自らが空気中から窒素を固定して利用する植物もある。

リン酸については、エネルギー代謝を調整するために重要な物質であるとともに、遺伝子の塩基配列にもリン酸化合物が含まれている。開花結実に役立つが、これも輸入に頼っており、リン安（リン酸アンモニウム）として八割程度が中国からの輸入となっている。

カリについては、植物の水分補給、ミネラルなどの栄養分摂取に役立つ成分で、根の発育を促すが、これも輸入に頼っている。塩化カリとして八割程度をカナダから、一割弱をロシア、ベラルーシから輸入している。

これらの輸入については、最近心配なことが多く生じている。

たとえば、中国は二〇二一年一〇月、尿素やリン安の輸出前検査を強化しはじめた。検査ということであるが、事実上輸出の制限の効果がある。

尿素やリン安の製造過程では大量の二酸化炭素を放出する。中国は環境政策を強化する一環で、国の基準を満たさない工場の操業を止めたため、製造量が減少した。そして国内供給が不足する懸念が出てきたことで、中国は輸出規制を始めたと思われる。中国に化学肥料の原料を依存していることで日本国内の肥料の供給に支障が出るとの懸念が広がった。

肥料など農業に必要なものを海外からの輸入に依存していることは、農業そのものに大きな影響が出ることに留意する必要がある。

世界的な半導体不足で日本の製造業に影響が出ているのと似た面もある。半導体不足は農業関連の機械に必要な半導体不足にもつながり、こちらの点も心配なところである。

二-五　農地、人材の危機

農業には農地が必要である。最近は、土を使わない施設栽培や工場のなかでの農業という形態も出てきているが、これらについても場所が必要なことは否定できない。基本的には農産物を生産するためには太陽光が降り注ぐ土地が必要である。

高度経済成長時には多くの農地が工場用地などへ転用されていった。最近は落ち着いてきたといわれているものの二〇一五年から二〇一八年までの期間においても、農地を住宅や駐車場などにする転用は年間一・五万ヘクタール程度発生している。

耕作放棄されて荒れたままになっている荒廃農地も年間一・五万ヘクタールほど増加している。これだけの農地が、日本では減りつづけているのだ。

荒廃農地が地域でいったん発生すると、周辺農地に病害虫や鳥獣害が発生したり、畦《あぜ》——田と田のあいだに土を盛り上げた仕切り——や用水路の管理が不徹底となり、さらなる耕作放棄の拡大という負のスパイラルに陥ることになる。

農地が減少している理由はいくつかあるが、開発によって転用される以外の理由のひとつは生産性が低いからだ。機械を入れて効率化を図ろうにも、機械が入りにくい田畑とか、連作をやりすぎて土地そのものが痩《や》せている田畑では収量が少なく、経営的に成り立たない。

もうひとつは後継者の問題である。耕作してきた人が高齢化してくれれば作業が困難になり、後継者がいなければ耕作を放棄することになってしまうのだ。

図表⑧　基幹的農業従事者の推移　（単位：万人）

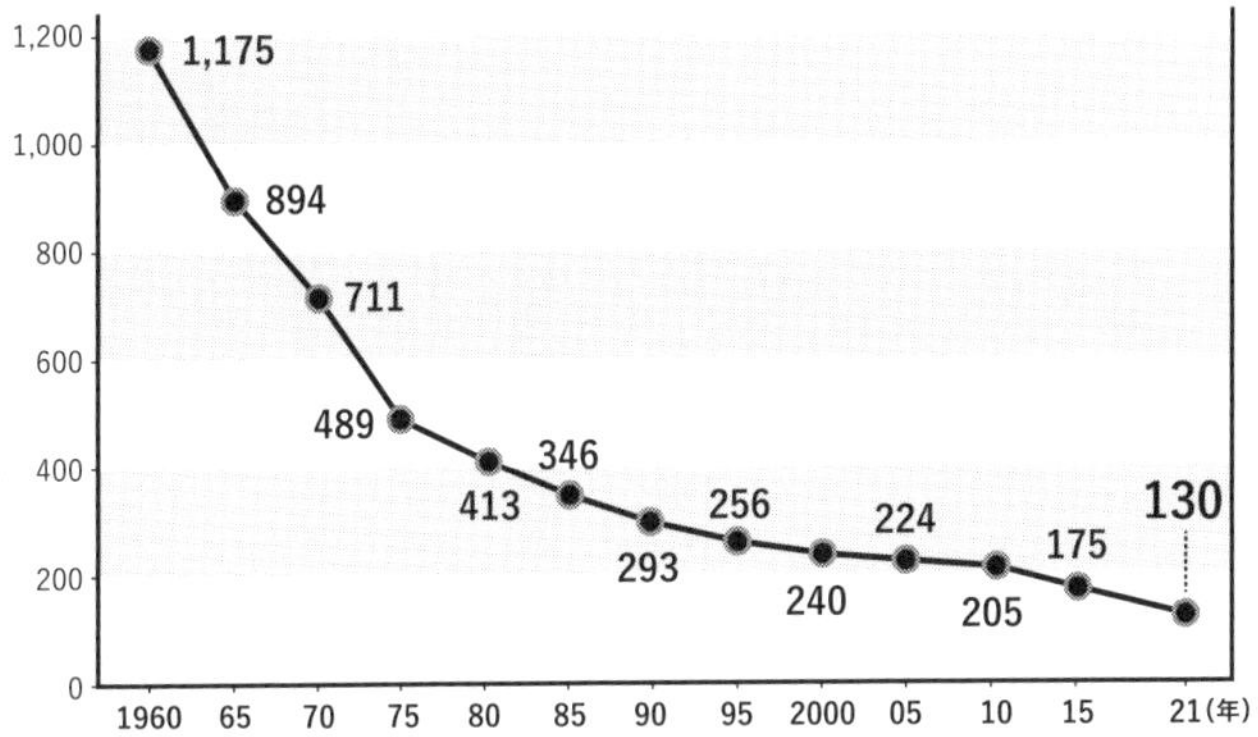

後継者をはじめとした農業に従事する人々の問題もある。

たとえば一九六五年当時農業者人口は八九四万人だった。この人口で三・二兆円の農業産出額、一日当たり一七三四億キロカロリーのエネルギーを生産していたことになる。

現在（二〇二一年）の農業者人口は約一三〇万人である。この人口で八・八兆円の農業産出額、一日当たり一〇八〇億キロカロリーのエネルギーを生産している。

ひとり当たりで言えば、一九六五年には、三六万円の農業産出額、一万九三〇〇キロカロリーのエネルギーを生産していたのが、二〇二一年には、六二九万円、七万七一〇〇キロカロリーのエネルギーを生産していることになる。

ひとり当たりで見ると、目覚ましい効率化が図られていることがわかる。しかしながら、農業者が減ってきていること、そして高齢化しているということで日本全体としては生産されるエネルギー量は減少している。

二―六　自由貿易か自国供給か

二〇〇八年の食料危機の際に行われた食料の輸出規制により、苦しい立場に追い込まれた国があったことについては述べた。

貿易についての国際的ルールづくりと政策協調の推進を行っている世界貿易機関（WTO[9]）は、食料の輸出入のどちらについても自由化を原則としている。

しかし、自国民を飢えさせてまで輸出を優先する国はあるだろうか。自国民が飢えるとなれば輸出を制限して国内に供給するのが、政治としては当然の判断だと思う。

食料の輸出入については、有名な「マルサスとリカードの論争」というのがある。前者は、『人口論』で著名な英国の経済学者のトマス・ロバート・マルサスだ。そして後者は、「近代経済学の創始者」と呼ばれる英国の経済学者、デヴィッド・リカードである。

食料の自国供給を優先するマルサスは、輸出規制によって飢える国が出る可能性を心配する立場だ。これに対してリカードは、自由貿易はそんな柔なものではない、と主張している。

必要があれば、必ず輸出する国があるので、自由貿易に任せておけば大丈夫、という立場だ。

リカードは持論の根拠となる例として、一八〇六年にナポレオンがヨーロッパの征服地に対して、英国との貿易を禁止した「大陸封鎖令」を挙げている。ナポレオンが禁止したにもかかわらず、当のフランスから英国への小麦輸出は行われ

9 World Trade Organization

ていた、というわけだ。必要があれば、いくら禁止命令を出してみても、品物は動いていく。逆に、政府が輸出禁止などすると、最適な資源配分ができなくなり、経済的には弊害でしかない、というのがリカードの主張である。

日本は穀物の世界的な輸入国となっている。小麦やトウモロコシの輸出国である米国やカナダにとって日本は最大の顧客のひとつである。だから米国やカナダが輸出規制をすることはない、と単純に判断することはできないと考えられる。

二〇〇八年当時、また最近のロシア・ウクライナ情勢の下で輸出規制を行う国は何ヶ国もあった。また、米国も一九七三年当時に大豆の輸出規制を行ったという事実がある。

また、輸出規制の問題とは別に、いざというときに輸入を円滑にできるかという点についてもよく考える必要がある。

たとえば、日本で生産している農作物が不作になり自国の消費を賄えなくなる場合、あるいは外国から輸入している農作物について、その国からの輸入ができなくなった場合などのことである。

一九九三年には、その年に生産された米が戦後例のない大不作（作況指数七四）となり、さらには一九九一年の不作（作況指数九五）以降の米の持越在庫の水準が低かったことも加わって、「平成の米騒動」と言われるほどの米不足が起きた。このため、緊急に海外から二五九万トンを輸入した。

当時のことを思うと、いざとなったら輸入すればいいと簡単に言うことはできないというのが筆者の考えである。

ちなみに作況指数は、水田一〇アール当たりの平年収穫量を一〇〇として、その年の収穫量を示す指数のことだ。

一九九三年当時に大量の米を輸入できたのは、海外にある日本大使館を含む政府関係者、穀物検定協会、各商社が奔走し、筆者から見れば獅子奮迅の働きをしたからであった。日本の商社の長年にわたって培ってきた人的つながりが効果を発揮し、米を集めてくれた。

農水省はこれらの関係者に協力を依頼し、関係者の努力でなんとか相手国を説得し、これまでにない輸入手続きの迅速化ができた。

海外において、お互いの政府間、日本商社と海外事業者の間、そこに日ごろの付き合いと信頼があったことで短期間での契約・手続きが整い、実際に輸入行為ができたということである。

日本の行っていた海外農業協力をはじめとする協力行為が相手国政府の対応にプラスの影響を与えたこともある。

現在でもこのような関係が続いていればいいのだが、心配もある。現在は、米も含めて穀物取引の大半はインターネット上で行われ、人と人とが顔を突き合わせて取引の交渉をする機会が減っているという。そのため商社も、食糧関係で現地に駐在させる社員を減らしており、駐在員がいないというところも珍しくないそうだ。

インターネット上で取引が完結するシステムは便利ではあるが、人間的な関係が乏しくなるという欠点があり、もしも一九九三年のように大量の米を輸入しなければならなくなったとき、同じような対応が可能かは心配な面もある。

さらに、日本のバイイングパワー、つまり買う力が弱まっているということにも注意が必要だ。

国連食糧農業機関（ＦＡＯ）が運営する世界最大の食料・農林水産業関連のデータベース「ＦＡＯＳＴＡＴ」によれば、二〇二二年の米の生産量で世界トップは中国で、二億一一八六万トンである――これは世界の米生産量の二八パーセントまでを占める量だ。これに対して日本の二〇二二年の米の生産量は、農水省によると七七六万トンでしかない。中国の圧倒的な生産量は、一目瞭然である。

これだけの米を生産していながら、中国は世界最大の米の輸入国でもある。同じくＦＡＯＳＴＡＴによれば、二〇二二年で二九〇万トンを輸入している。世界全体で輸入されている量の六・四パーセントに当たる。

日本はといえば、先のＦＡＯＳＴＡＴのデータでは第一〇位以内にも入っていない。自給率が高いため輸入の必要性が低いということなのだが、今後、もし輸入の必要性が出たときに定常的に米を輸入している中国との競争関係になることも考えられる。

基本的には自国で生産できるものは自国で生産することが最も望ましいが、一定量の輸入があることは、いざというときになって初めて輸入をするのではなく、量を拡大すればいいという面もある。

最近の状況は、日本が優先的に輸入できるかについて心配な面が増している。

二―七　十全とは言えない備蓄体制

農産物以外でも備蓄制度があり、よく知られているのが石油であろう。

ロシアのウクライナ軍事侵攻によって、世界的に石油が不足し、ガソリン価格が高騰した。それに対応するため国際エネルギー機関（ＩＥＡ[10]）は二〇二二年三月一日、加盟国全体で六〇〇〇万バレルの石油備蓄協調放出の実施を決めている。さらに四月八日には、合計一億二〇〇〇万バレルの追加協調放出が実施された。日本においても、三月一日のＩＥＡの協調放出の際には、七五〇万バレルの放出を行った。これは、米国の三〇〇〇万バレルに次ぐ規模で、それが可能なぐらい日本は石油を備蓄している。

農産物に関しては、備蓄の仕組みが整っているのが米、小麦、トウモロコシである。

現在の米の備蓄制度は、一九九五年に「主要食糧の需給及び価格の安定に関する法律」が施行されたことで現在の形となっている。

先に述べたように、一九九一年の不作（作況指数九五）以降の米の持越在庫の水準が低かったなかで一九九三年産米が戦後例のない大不作（作況指数七四）となったことにより、国内の米は足りなくなり、海外から輸入するという事態に陥った。この経験から備蓄に関する考え方が整理されてきた。

現在の備蓄米は、適正備蓄水準を一〇〇万トン程度として運用されている。これは一〇年に一度の不作（作況指数九二）や、通常程度の不作（作況指数九四）が二年連続した事態にも国産米で対処できる水準、と農水省は説明している。

同じ年の生産米を一〇〇万トン備蓄するわけではない。毎年二一万トンぐらいずつを五年分備蓄した合計が一〇〇万トンになる。そして五年間備蓄してきた米

10　International Energy Agency

は、家畜の飼料用等として安く販売される。つまり備蓄米のなかから毎年約二一万トンが飼料用等として放出され、その年の新米のうち二一万トンが新たに備蓄米とされるのだ。

この量については、いろいろな議論がある。日本人の米の消費量が減少していることを踏まえればそれほど多くの量は要らないのではないか、という見方もあるが、一九九三年の大不作では海外から二五九万トンもの米を輸入したことを踏まえれば、少ないのではないかという見方にも十分に根拠はあると思われる。

また、備蓄制度については、国の財政負担によって維持されていることもあり、備蓄量を増やすためには財政負担を増やすことについて国民の理解を得る必要がある。

小麦の備蓄も行われている。

小麦は、外国産食糧用小麦の需要量の二・三ヶ月分を備蓄しており、製粉企業等が二・三ヶ月分を備蓄する場合、そのうち一・八ヶ月分について国が保管料を助成している。二〇二二年度の小麦の年間国内総需要は五六一万トンで、うち外国産小麦は四五七万トンと見込まれている。

備蓄した小麦が活用される事態は、輸出国からの輸出停止や港湾などの混乱により輸送が混乱される事態となるが、これで十分かという議論もある。

トウモロコシについては、民間が備蓄するための費用の一部を政府が支援しており、政府が直接備蓄しているものはない。

いざというときのための備蓄について、世界情勢が変化するなかでこの体制で十分かについてはよく考える必要がある。

二―八　食の安全性、遺伝子組換え問題

日本に輸入される農産物の安全性の問題、遺伝子組換え作物の問題もある。

輸出国が日本に農産物を輸出する際には、輸送中の腐敗などのリスクを減らさなければならない。そのためにはポストハーベスト農薬（収穫後に使用する農薬）の使用ということが起きてくる。

当然、規制する基準以下のものしか許されていないし、それを超えるものにつ

いては検査で排除されているわけだが、国内で生産されるものには起きない問題である。

畜産物についても安全性についての考え方の違いがある。

たとえば、ＥＵは米国産牛肉の輸入を一九八九年から禁止している。理由は、米国産牛肉が成長を速めるための人工ホルモン剤を投与しているからだ。

ホルモン剤によって成長を速めれば、飼育期間が短くなるため、コストを抑えられる。農家にしてみればメリットである。生産量を増やし、輸出量も増やせるので、農家としては使いたい存在である。

ただし一方で、発がん性のリスクが指摘されてもいる。そうしたことから、ＥＵは人工ホルモン剤が使用されている米国産牛肉を禁じている。国民の健康を守るために必要な措置という考えであろう。

日本においてもＥＵと同様に人工ホルモン剤は使われていない。しかし、人工ホルモン剤を使った牛肉の輸入を禁止しているということはない。

一方、遺伝子組換え技術（遺伝子工学、バイオテクノロジー）を利用して、従来の品種に新たな遺伝子の組み合わせをもつようにしたのが、遺伝子組換え作物である。たとえば遺伝子組換えで「除草剤耐性」をもたせた大豆は除草剤を撒いても枯れないので、周りの草だけを除くことによって効率的な栽培が可能になる。遺伝子組換え作物についても各国で考え方が異なっている。積極派の米国に対して消極派の欧州という図式が国際的に成立している。

スーパーでは、「遺伝子組換えでない」と原材料表示された商品が目立つ。豆腐や納豆では、「大豆（遺伝子組換えでない）」といった具合に表示されているのを目にするはずだ。

二〇二三年四月一日からの遺伝子組換え表示制度の改訂では、不使用表示がより厳格化される。それほど遺伝子組換え作物が、日本人の食生活にも入り込んできているし、関心も高まっていると言える。

遺伝子組換えが進んでいるのは大豆類とトウモロコシである。搾って精製された油には遺伝子（核酸）が残らないということが前提となっており、遺伝子組換えの種子であっても、搾った油には遺伝子組換えの影響は及ばないとされている。

安全か安全でないかの議論がいろいろあるなかで、消費者が選択できるようにしておくことが重要だとの立場をとっているのが欧州であり、日本である。遺伝子組換え技術が発展していく状況で、どのような対応をしていくかの検討が必要になっている。

第三章

食料安全保障の実現に向けて

三―一　食料安全保障のための三つの柱

これまで述べてきた世界の状況と、そのなかで最近の日本が直面している状況をしっかりと踏まえて、国民に対して安定的に食料を供給できる体制を構築することが食料安全保障である。

さらに国連食糧農業機関（ＦＡＯ）の定義のとおり、〈安全かつ栄養ある食料を経済的にも入手可能〉にしないといけない。

狭義の食料安全保障について、一九九九年七月に公布・施行された「食料・農業・農村基本法」（以下、新基本法）においては、〈国内の農業生産の増大を図ることを基本とし、これと輸入及び備蓄を適切に組み合わせ、食料の安定的な供給を確保する。〉とされている。

このような基本的な考え方で総合的な対応が行われているわけであるが、凶作や輸入の途絶等の不測の事態が生じた場合にも、国民が最低限度必要とする食料の供給を確保するということが最も重要なことである。

政府においては、不測の事態に備え、日ごろからそうした要因の影響等を分析、評価するとともに、不測の事態が生じた場合の具体的な対応手順の整備等を進めておくことにしている。

新基本法の方針に基づいて、二〇〇〇年三月に最初の「食料・農業・農村基本計画」（以下、基本計画）が策定された。

そこで、食料安全保障についての基本的な方針も示されている。

まず、食料の安定供給について、国内の農業生産の増大を図ることを基本とし、生産者が消費者に対して良質な食料を合理的な価格で提供できるようにすることを進めるとしている。

また、国内生産では需要を満たすことができない農産物の安定的な輸入を確保するため、食料輸出国との間の良好な関係を維持するとともに、主要輸出国との間の安定的な取引に関しての取り決めなども重視している。

備蓄については、国内外における不作や輸送障害等により食料の供給が不足する場合に備え、米、麦等について、適切かつ効率的な備蓄を行うとしている。

また、不測時といっても短期的なものから、食料輸入の継続的な途絶といった長期に及ぶものまでさまざまなレベルが想定される。そのため、レベルに応じた食料供給の確保を図るための対策が講じられ、対策を機動的に発動するためのマニュアルがつくられている。

筆者が課長を務めた食料安全保障課はこのような任務の取りまとめを担当していた。

最初の基本計画がつくられたときに、最初の食料自給率の目標も定められた。それが、二〇一〇年度までにカロリーベースの食料自給率を四五パーセントに、生産額ベースでは七四パーセントに引き上げるという目標であった。

当時のカロリーベースの食料自給率は、四〇パーセント程度である。基本計画に基づいてさまざまな施策がとられたものの、カロリーベースの自給率がなかなか上がっていかない。

二〇〇五年三月には二回目の基本計画が策定され、目標が二〇一五年度までにカロリーベースの食料自給率で四五パーセントとされた。

二〇一〇年に策定された目標では、カロリーベースの食料自給率を二〇二〇年度に五〇パーセントにするというものとなった。

二〇〇八年の世界食料危機の際に、福田総理がローマの食料サミットに出席したことは何度も述べたが、総理をはじめとして、当時、食料危機が間近に感じられるなかで自給率の向上について極めて強い意識があったことが影響していたと思われる。

二〇一五年に策定された目標は二〇二五年度を達成年として、四五パーセントというものになった。日本の農業の現状を踏まえて、もう一度達成可能な数字とするとともにそのために政策を総動員するという考え方だったと思われる。

そして現在、二〇二〇年に定められたカロリーベースの食料自給率の目標は、目標年である二〇三〇年度に四五パーセントにするというものである。現在の食料自給率は三八パーセントである。

グローバル化の進展により輸入できる食料が増えているなかで国内農業は頑張っているという見方もできるが、二〇〇五年度の四〇パーセントに較べて下がっているのは事実である。

なお、カロリーベースで三八パーセントの食料自給率というのは、いろいろな受け取り方をする人がいる。「生産額ベースでは六三パーセントと低くないのだから、カロリーベースを気にすることはない」という意見もある。「低い食料自給率を強調するのは、対策費が必要だからということで、目標を高く設定して農林水産省が自省の予算を増やすのが狙いだ」といった見方をする識者もいる。

戦後、産業構造が大きく変化するなかで、日本では消失した産業分野も多くある。そのなかにあって、国内農業による食料の生産を維持しつづけていることは、農業者の不断の努力と改革のたまものであるとも言える。

カロリーベースの自給率に較べて金額ベースの自給率が高いということは、日本の農業が生産している農産物は付加価値の高いもの（価格が高いもの）が中心で、付加価値の低いものを輸入しているということであり、日本農業の生産性の高さを示すものでもある。

しかし、カロリーベースで三八パーセントは、実際に低い数字だ。付加価値が低いものであっても人間が生きていくために食べるものは重要である。付加価値が高いからといって量を軽視すると、いざとなったときにカロリーを確保するための苦労は大きくなる。その苦労をできるだけ小さくするためには、三八パーセントという数字を可能な限り引き上げていくことが重要である。

三ー二　新規就農者が増える仕組みづくり

食料安全保障の中心となる国内生産を確固たるものにしていくためには、人の問題、農地の問題が大切である。これらについての基本的な考え方と注目する動きについて述べていくことにしたい。

戦後しばらく経ってから、農業者は減少を始め、いまも減少を続けている。農業者の減少に較べて農地の減少、農業生産量の減少はかなり小さい。ということは、ひとり当たりの農業生産の効率は極めて高くなってきているということである。

以前、一定の面積を耕して農産物を生産するために一〇〇人必要だったものが、いまは二〜三人でできるようになってきているような例がたくさんある。このようななかで、新しく就農する人はかなり減っていた時期が続いていたが、最近は一定の人数が就農するようになっている。

四九歳以下の新規就農者は、最近は少し減っているが二万人前後おり、「自分で起業して始める」という人数は少数ながら増えている。農業を志す若い世代が増えているのだ。

その理由には、新しく農業を始めようという人を支援するシステムが整いはじめていることが挙げられる。かつては、農業を始めようとすれば、自分で土地を取得するとか、とかく面倒なことが多かった。新たに農業をやろうと思っても、そう簡単ではなかったのだ。

しかし最近は、地方の自治体を中心に、作物の栽培方法や経営を支援するシステムを整えているところが増えている。土地にしても、新たに耕作する農地を借りる斡旋《あっせん》をしてくれたりもする。

個人で農業を始めるという形ではなく、農業法人への就職という形で農業に従事する機会ができるようになったことも大きい。個人で農業経営のすべてを始めるのではなく、組織化されたなかで農業を始めることはさまざまなリスクを少なくしてくれる。

もちろん、誰もが簡単に農業で生計を立てていけるようになるわけではない。せっかく農業を始めても、なかなか採算がとれないケースもある。生活が成り立たないという理由や、やはり農作業が向かないという理由で、就農して三年足らずでやめていく人もいる。筆者は、このようなどんな産業でも見られることを当然と考えつつ、より就農しやすくすることが必要だと考えている。

いろいろな産業で成功している若者がいるように、新たに就農して成功しているケースも珍しくない。最近の取り組み事例で目立つことは、米づくりにこだわらず、さまざまな作物を手掛ける動きが活発化してきていて、そういうチャレンジが成功を収めつつあることである。

新しく就農した若い人たちが入ってくることで、農業に新しい風が吹いている。

それが、日本の農業を活性化させていく可能性は大きいと思われる。

人材が育っていくこと、これは日本の農業を発展させるし、食料安全保障の観点からも重要である。

三―三　農業を支える農地、棚田とソーラーシェアリング

かつて約六〇〇万ヘクタールまで増加した農地は、転用、耕作放棄などにより減少してきた。効率の悪い農地が使われなくなることを防ぐには難しい面がある。

食料安全保障のため、即ち日本の農業生産を増やしていくためには農地の確保が極めて重要である。

農地の確保については、耕作しやすいように基盤整備を進めること、大規模に営農しようとする農業者に農地を集約していくこと、地域ごとに合った農業の形を計画し、その実現に向けて地域全体で努力できるような仕組みをつくることが大切である。

条件のいい農地と条件の悪い農地では、当然のことながら条件のいい農地のほ

うが耕作が継続し、いい経営が実現していることが多い。

これらに加えて、都市の開発によって減少せざるを得なかった農地について、今後どう考えていくかという課題もある。住宅や商業施設、都市のさまざまな施設を、市街化すべきと計画された地域の外側の農業地域にまでどんどんつくっていかなくてはならない状況ではなくなっている。

どのような地域開発を進めていくかについて、再び農地に戻していく場合もあることを含め、考えていくことが重要である。

農地として効率が悪い土地でも、工夫しだいで農地として残しておこうとする例も出てきている。たとえば、棚田である。

棚田は、日本全国の水田面積の約八パーセントにあたる二二万一〇〇〇ヘクタールあるといわれている。一つひとつの水田は狭いし、山間地に多くあるため斜面のきつい、機械も入りにくいところがほとんどだ。農地としては、かなり効率が悪いと言える。

しかし、別の魅力がある。それは、景観である。棚田のある風景は、日本人にとっては原風景を思い出させるもので、観光資源としての価値を発揮することができる。

棚田での農作業体験自体が観光の目的であるから、収量の多寡を気にする必要はない。収穫したものを売るのではなく、農作業経験に料金を払ってもらうことで収入源にする取り組みも出てきている。

そうした試みが、全国的に少しずつだが広まりつつある。さらに広げていけば、日本の棚田を守ることができる。

同じような試みは、棚田でなくても可能だ。都市に近いところでは日帰りの農業体験も出てきているし、農業体験を売りにしたペンション経営もある。

オーナー制度を実施している農家もある。ミカンなどの木ごとにオーナーを募集し、その木で収穫されたミカンはオーナーに引き取ってもらう。収穫量ではなくオーナー権料として払ってもらえば、収穫量や市場での単価に左右されず、農家としては確実な収入を得ることができる。

農地で耕作したものを売るという発想だけでなく、農業という体験自体の価値を提供するという発想からは、さまざまな「農業」形態が生まれてきている。それが新しい農業の魅力となって就業者を増やすことにもつながるし、耕作放棄地を減らして、日本の農地を守っていくことにもなる。

また、「ソーラーシェアリング」により農地を守ろうという取り組みもこれから重要になってくると思われる。

地球温暖化の解決に重要な再生可能エネルギーのうち、バイオ燃料が重要であることに触れたが、再生可能エネルギーのなかで最も普及しつつあるのが太陽光発電である。

農地を農業生産に活かしつつ太陽光発電を行うのがソーラーシェアリングである。「営農型太陽光発電」とも言われる。

具体的には、農地の上、数メートルの高さのあるところにソーラーパネルを設置して発電するものである。農地すべてをパネルで覆うのではなく、下の土地に太陽光が届き作物が育つようにして発電を行うことになる。

適度な高さ、適度な隙間を設けたソーラーパネルの下で営まれるソーラーシェアリング

農地法上は、農地を転用して太陽光発電施設を設置するのではなく、農地の一部を一時転用することになる。

農地において作物はすべての太陽光を利用しているわけではなく、一部の光については太陽光発電のほうに回してもさほど影響がない。地域によって異なるが、農地の面積に対して三〇パーセントぐらいのソーラーパネルを設置した場合は、下の農地でもしっかりと作物が育つことが実例として確認されている。

当然、パネルの設置の仕方には工

夫が必要であり、下の作物がまんべんなく光を得られるように格子状にすることなどが必要である。各地でさまざまな工夫がされつつあり、水田におけるソーラーシェアリング、温室におけるソーラーシェアリングなども試みられており、成果を出している。

パネルの設置方法についても、上空を覆うという形だけでなく、垂直に立てて設置し両側から太陽光を受光するもの、パネル自体が動くものも出てきている。千葉市緑区にある千葉エコ・エネルギー株式会社が設備を運営するソーラーシェアリングの現場では、若手中心で活動している「つなぐファーム」という農業法人がさまざまな農作物を栽培している。

また、農産物の生産や販売、発電事業と多角的に展開する「ファームドゥグループ」のように温室でソーラーシェアリングを行う事例も出てきている。

水田は水があるので電気は危険ではないかとも思われるが、技術で解決しているとのことである。うまくいっているパネルの設置の仕方を見ると、いずれもしっかりと農作業ができるようにしていることで、パネルの設置される位置はある程度高いことが必要だし、柱の間隔も広いことが必要である。トラクターなどが使えてしっかりとした農業ができることが大切だ。

ソーラーシェアリングのメリットは、農業生産の収入と発電の収入の両方が期待できることである。ソーラーシェアリング導入前に近い収穫が得られるのであれば、これまでの農作物の収入に加えて発電の収入が得られることとなる。

耕作放棄地でも発電の収入が追加されることを考えれば、耕作放棄地を解消して農地として活用する場面が出てくる。

また、ソーラーパネルの設置の面で言うと、農地というのは一般的に平らか緩やかな傾斜であることも大きい。メガソーラーの適地がだんだん減ってきていて、急傾斜地などへの設置が見受けられるようになってきているが、そのような場所は災害脆弱性《ぜいじゃく》があることが多く、現実にもいくつか問題になる事例が出ている。

農地であれば、だいたい整備された平らなところが多く、コストや安全性の面でのプラスが考えられる。

いくつかの先進的で農業のためになるソーラーシェアリングの例が出てきてい

ることは、とても良いことだと思う。

しかしながら、農業が二の次になってしまい、売電だけを目指している例が出はじめているのは問題である。農地で何も作らないのと同然の状況になるとすれば、これまでに長い時間をかけて投資を行い整備してきた農地を太陽光発電の場所に転用しているのと同じで、農業推進や食料安全保障の観点からはマイナスである。

広い農地にソーラーパネルを設置し、ソーラーパネルの直下でのみ作物を栽培している例があるそうだ。ソーラーパネルが設置されていないところでは作物が作られていない、耕作放棄地のような状況になっている。「パネルの下では作物を植えているからいいはずである。パネルの下以外の農地については、たしかに耕作放棄のような形になっているが、それを問題にするのであれば、近くにある耕作放棄地も同じように問題にすべきである。そこは指導しないで、うちだけ指導するのはおかしい」という考えだとのことである。

筆者は、ソーラーシェアリングの際に直下にだけ作物を植えていればいいという運用がなされていいということはないと思うし、そういうものに農地法上の一時転用の許可を与えるのはおかしいと思う。

また、ソーラーパネルの下では農作業ができることが前提である。農作業ができるようにするためにはパネルの設置位置を高くしなければならないのだが、そうするとコストが高くついてしまう。そこでパネルを低い位置に設置して、日陰を好む作物を申し訳程度に栽培する例もある。

こうした例は、農地を潰しているのと同じである。せっかくの農地を潰してしまうのでは、ソーラーシェアリングを導入する意味がない。

太陽光発電は収益にはなる。そのため、農業を二の次にして発電ばかりに偏る例も出てくるわけだ。そういったものは食料安全保障のために重要な、これまで守ってきた農地を潰すことと同じで、許されるべきではない。

食料安全保障の観点と合うものだけを推進していくべきであると思う。

そのような観点でソーラーシェアリングを進めれば、太陽光発電で収益を得ながら、下の農地で実験的な作物栽培にチャレンジすることも可能だ。ソーラーシェアリングだからこそ、農業の発展につなげることもできる。

再生可能エネルギーの活用は大切である。しかし、再生可能エネルギーを生産できれば農業はどうでもいいというのは許されるべきではない。これまで述べてきたように、農業と再生可能エネルギーを両立させる方法があり、実際にも動き出しているのであるから、悪貨が良貨を駆逐するようなことを推奨せず、いい事例の拡大を目指すべきだと考える。

ソーラーパネルの技術開発が進んでいけば、さらにソーラーシェアリングの可能性は広がる。うまく活用することで、電力不足と食料不足の両方に対応できる道も拓かれることになる。

三－四　海外農業支援で円滑な輸入

食料安全保障に関して、そもそも国内生産では需要を満たすことができない農産物があることは前提とせざるを得ない。そのうえで、その安定的な輸入を確保するため、食料輸出国との間の良好な関係を維持するとともに、主要輸出国との

図表⑨　日本の農産物輸入量の農地面積換算（試算）　（単位：万ha）

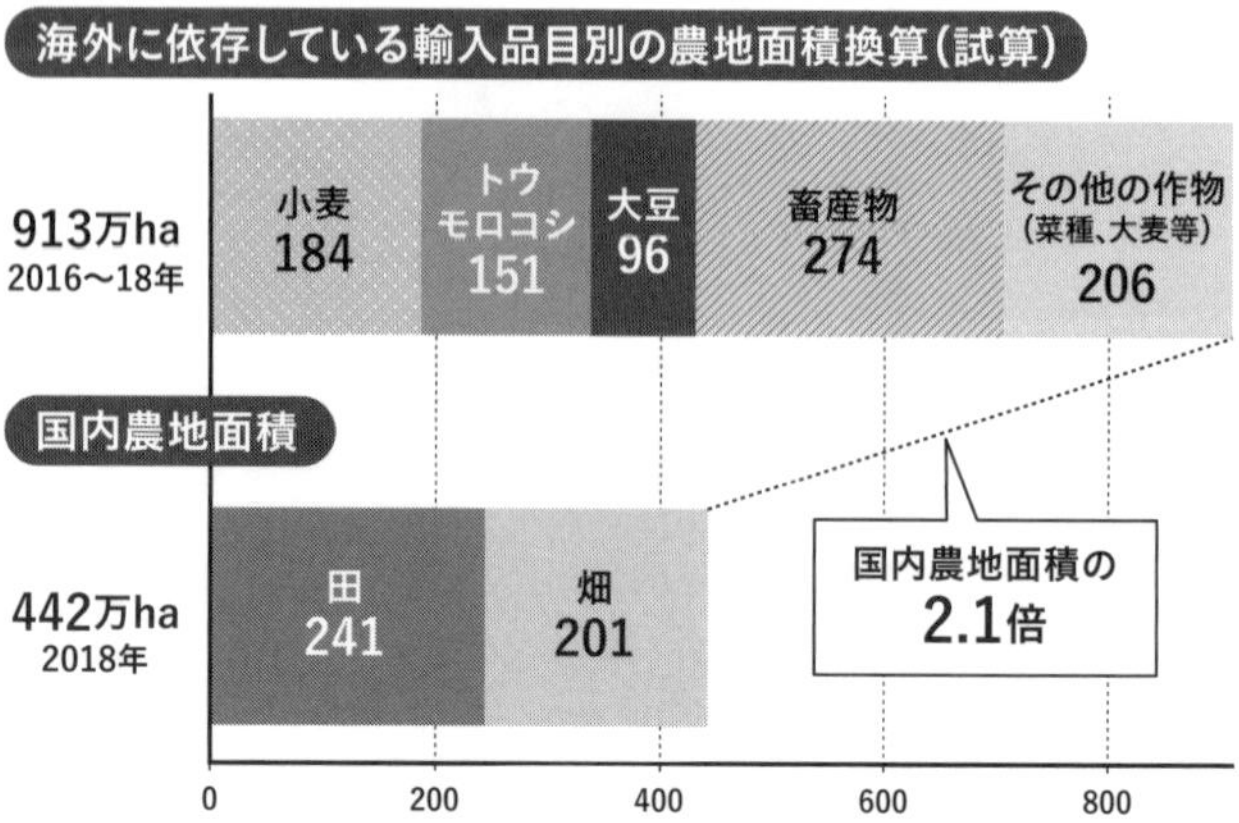

間の安定的な取引に関しての取り決めなど関係を強化することが大切である。

国内生産では需要を満たすことができないものがあるというのは、たとえば、現在輸入している小麦を生産するのに海外で使っている農地は一八四万ヘクタール、トウモロコシは一五一万ヘクタール、大豆は九六万ヘクタール、牧草・トウモロコシ・大豆の搾りかすを含めたもので飼料として活用されるものは二七四万ヘクタールと試算されることからも避けられないことである。これらの作物を作るための農地の余力は国内にはない。

現状の食生活を前提とした場合、輸入

は必然であり、それを円滑にすることが求められている。

政府間の関係を強化することは、食料安全保障の観点からも重要である。

小麦は、米国、カナダ、オーストラリアから、トウモロコシは、米国、ブラジルから輸入している。もともと、さまざまな面での友好関係があり、輸入する国としての信頼は高いと考えられる。しかしながら、米国は政府が関与する輸出入ではなく、単純に民間主導の関係であるため、いざというときに両国政府の関係がどれだけ役立つか不安な面もある。

そのようななかで、米国国内のトウモロコシなどの積み出しサイロなどを日本の農業団体がつくった企業が所有していることは重要なことである。米国国内での穀物の集荷・日本への輸出に強く貢献しており、食料安全保障の観点からも大きな役割を果たしている。

穀物を多く輸入する国からすればとても重要な企業であることは間違いなく、現に中国企業などから「そこにある穀物を売ってくれ」という話が来るという。現地に重要な施設を持っておくという先見の明をもって企業を運営していることは重要なことだと思う。

カナダとオーストラリアは、昔は政府系の公社があり、そこが輸出を管理していた。その公社と日本で長期契約と言えるものを結んでいて、安心して輸入できる体制があった。

筆者が食糧庁に在籍していたころに、オーストラリアに出張したことがあったが、向こうの公社の人間と、日本の商社の駐在員も交えてさまざまな意見交換をした。安定的に輸出してもらうための関係構築をしていたのだ。その後、公社は民営化され、そういう交流、関係も現在はなくなっている。これは注意が必要だ。

輸入を安定化することには、海外協力も重要である。

たとえば「農業技術の指導や橋の建設で協力してもらってきたので、日本が米不足で困っているのなら優先的に売りましょう」といった関係を築いておくことなどである。食料安全保障の観点から日本が国際的関係の構築に努力してきたことは価値のあることだ。

食料・農林業分野において国際協力の円滑・効果的な推進について活動してい

る公益社団法人の国際農林業協働協会（ＪＡＩＣＡＦ[11]）が出している刊行物「国際農林業協力」にはさまざまな協力に関する実績が記載されているが、ここで紹介されているような事例の積み重ねが大切であると思われる。

国際協力機構（ＪＩＣＡ[12]）をはじめとしたさまざまな協力、また、米を大量に輸入したときの経験を踏まえ、適切な情報収集、輸入する体制を整備しておくことも大切である。

三―五　ブラジル産大豆がいまある理由

海外農業協力は食料安全保障の観点から重要であるが、日本が行った海外農業協力で大きな成果を上げたものがブラジルにおける大豆栽培である。

この事例は、ブラジルの人々から感謝され、日本とブラジルの関係をよいものにしていることは間違いないが、食料安全保障上の明確な効果が直接的には見え

11 Japan Association for International Collaboration of Agriculture and Forestry
12 Japan International Cooperation Agency

なくなってしまったのは残念なことである。

ブラジル中西部に広がる熱帯サバンナ「セラード」は、かつては「不毛の大地」と呼ばれていた。ここを農業地帯に変える開発計画が始まったのは一九七〇年代で、そのとき総理だった田中角栄氏がブラジルを訪問したときに協力を約束し、日本の国際協力機構（ＪＩＣＡ）が中心となって動くことになった。それから日本は資金的にも人的、技術的にも全面協力することになり、その期間は二〇年にも及んだ。

国際協力機構（ＪＩＣＡ）の資料によれば、一九七三年にシカゴ穀物相場が通常の三倍に暴騰した際、米国が大豆の禁輸措置をとったこともあるとされている。日本は当時、大豆の輸入先を米国に依存していたが、この危機をきっかけに、大豆の調達先を多様化すべきとの論調が巻き起こり、日本政府はブラジル政府と共同でセラード開発に懸ける決意を固めたということだ。

そのセラード開発が成功し、不毛の大地は農業地帯に生まれ変わった。そこで生産されるのは大豆で、いまや世界の流通量のうちブラジル産大豆が五五パーセントも占めるまでに成長している。二〇一九年の大豆貿易で、大豆の最大の輸入国である中国への米国の輸出量は二一六九万トンだが、それを上回る量をブラジルは輸出しており、六二三七万トンである。

ちなみに二〇一九年度の日本の大豆輸入量は三三九万トンで、その七三パーセントを米国から輸入している。

ブラジルからの大豆輸入については、セラード開発成功をブラジル政府も日本に大変感謝していることから、当初は日本への輸出も積極的だった。

ブラジルからの大豆輸入が伸びなかった理由は、米国からの輸入が有利に進んだことが一番の理由であるが、それに加えて一九九〇年代にブラジル経済が大きく悪化して各国がブラジルへの投資、貿易から手を引いたときに、日本も撤退せざるを得なかったからだ。

そのブラジルへの投資を拡大したのが、米国の穀物メジャー。その穀物メジャーは、収穫したものを優先的に売り渡すことを条件として支援を行い、ブラジル産の大豆の大部分を扱うようになった。

また、最近は中国の穀物企業がブラジルにおける大豆の流通に深く関与するようになってきている。

日本にとってブラジルは、米国に次いで二番目の大豆輸入先であり、再び関係を強めることが大切であると考える。

三－六　備蓄の財政負担と効果をどう考えるべきか

国内生産についても、輸入についても、その安定化の努力を進めるものの、それだけでは万全ではないということがわかっている。

それを補完するのが備蓄である。

人が生きていくためにはカロリーを摂取することが必要で、いざというときに備えて保管がしやすいものは、米、小麦、トウモロコシ等の穀物である。この穀物の備蓄は、食料安全保障上重要である。そのために、備蓄制度を充実させることが重要になってくる。

穀物のなかでも、日本が完全自給できるのは、現時点では米しかない。

米については、政府備蓄米の適正備蓄水準を一〇〇万トン程度とすることとされている。前述したとおり、現在の米の消費量、不作が発生したときの影響度合いなどを総合的に考えてこの量になっている。これをしっかりと運用していくことが大切である。

小麦については、国全体として外国産食糧用小麦の需要量の二、三ヶ月分について政府と民間による備蓄が行われている。これもしっかりと運用していくことが大切である。

飼料穀物については、国全体としてトウモロコシ等の飼料穀物一〇〇万トン程度を民間備蓄することとされている。

筆者はこれらの考え方には一定の合理性があると思うが、今後においてはもう少し備蓄を充実させることが必要なのではないかと思っている。

米については、過去において一番足りなかったときは、一九九三年の米不足であり、二五九万トンの輸入を余儀なくされた。緊急の輸入が難しくなることも考えられることからすれば、もう少し多く備蓄があったほうがいいと思う。当時も、備蓄量が二五九万トンあれば騒ぎにはならなかったのではないか。

筆者が農水省に勧めはじめのころ、「三〇〇万トン備蓄構想」という提言がなされ、内部で検討したことがあると記憶している。米を三〇〇万トン備蓄すれば安心であるというものである。

ただし、備蓄するとしても三〇〇万トンを玄米や精米の状態で倉庫に保管しておくことは、品質を保つ点でも保管場所を確保する点でも難しい。

そこで検討されたのは、モミのまま保管しておくことである。モミのままであれば品質も保たれて、ずっと長く保存することが可能である。

モミはとてもかさばる、同じ量を倉庫に保管するとしたら倉庫が三倍いるとも言われる。そうであったら、モミのままの米を袋詰めしてビニール等でしっかりと防水したうえで、琵琶湖などの湖などに沈めておけばいいのではないか。

そういう備蓄構想がいくつもあったけれども、実現に向かう政策として検討が進むことはなかった。筆者はいまもう一度検討してもいいのではないかと思う。

この検討に当たっては、備蓄はいざというときのためのもの、食料安全保障のためのものという考え方を押さえることが大切だと思われる。即ち、いざというときのために米だけでなくほかの穀物等と合わせて必要なカロリーを備蓄することが重要であるということである。

したがって、現状の食生活を前提とした米の備蓄量である必要はないが、一方で必ずしも米で備蓄しなくてはならないということでもないということになる。いざというときに利用しやすいという点で米の備蓄は重要であるが、ほかの穀物よりもコストが高くなりすぎるということでは優先度が落ちてしまう、安価でできるだけ長期に保管することを追求するべきである。

単に生産が過剰になっているから備蓄をたくさんするという考え方は、食料安全保障とは相いれない。

また、小麦やトウモロコシの備蓄については、世界情勢を踏まえて備蓄量の増減を柔軟にすることはできないだろうか。

不測の事態に備えることは必要であるが、世界が穀物過剰の状況に向かっていくときには、その備えるべき量はそれほど多くなくてもいい。一方で穀物不足が見込まれるときは量を増加させるということを検討するべきではないかと思う。

米、麦、飼料用トウモロコシ以外のものについて備蓄は必要ないかと言えば、そんなことはないと思う。天候不順で不作になるものもあれば、国際事情で輸入できなくなるものもある。それを想定して、最低限必要なものは備蓄しておくべきではないか。

そのひとつが大豆である。

先述のように一九七三年六月、米国が突如として大豆の禁輸を発表した。当時、日本は米国産農産物の最大で、安定した輸入国だった。だからといって、米国が日本を禁輸の対象外にしたわけではなく、日本にも米国産大豆は入ってこなくなった。

たちまち日本では大豆が不足して価格が高騰し、豆腐の価格が急騰した。消費者は購入を控えるようになり、無理して高い大豆を仕入れた豆腐業者は、コスト高と販売不振というダブルショックに直面することになった。

幸い、米国の禁輸措置は数ヶ月で解除された。その当時、大豆不足を再び起こさないようにするにはどうしたらいいのか、一定の農産物には備蓄制度が必要なのではないかということが農林省（当時）内で議論された。農林省としては米や小麦、トウモロコシと同じように、ある程度の備蓄が必要ではないか、国民を不安にさせないためには必要な措置ではないかということであった。

しかしながら、国として作物の備蓄をするとなると、当然ながら財政負担が生じるし、どの農産物をどの程度備蓄するかについての判断は難しいものがある。

大豆の備蓄については、一九七四年度より保管経費を国庫で負担し、食品用大豆の年間需要量の約二週間分の備蓄を実施することとなったが、その後一度も備蓄大豆の放出が行われなかったことなどを理由に、二〇一〇年度限りで廃止された経緯がある。

最近の状況を踏まえれば、再び必要性について議論するべきだと思う。

三‐七 アジア全体で協力——ASEAN+3緊急米備蓄

備蓄については自国でするものが一般的であるが、国際的な枠組みで行うことにより、さらに効果を増すことがある。

ASEAN[13]+3緊急米備蓄(APTERR[14]:アプター)は、東アジア地域(ASEAN一〇ヶ国、日本、中国、韓国)における食料安全保障の強化と貧困の撲滅を目的とし、大規模災害等の緊急事態に備えるための米の備蓄制度である。

この仕組みは、当時の農水省幹部の針原寿朗氏の発案で動き出した。日本発のアジア全体での食料安全保障システムの提案であり、現在は東アジア地域の食料安全保障の強化に役立つものとなっている。実現には大きな苦労があったのを見てきたが、国の役人としてやりがいのある仕事であったと思う。

具体的には、二〇〇二年のASEAN+3農林大臣会合における決定を受けて、パイロット・プロジェクトが開始された。その後、このパイロット・プロジェクトを恒久的なスキームに移行させるための協定交渉が開始され、二〇一一年一〇月にインドネシア・ジャカルタにおいて開催されたＡＳＥＡＮ＋３農林大臣会合において「東南アジア諸国連合及び協力三ヶ国（日本、中国、韓国）における緊急事態のための米の備蓄制度に関する協定（ＡＰＴＥＲＲ協定）」として採択、署名が行われた。

日本は発案国でもあり、試験事業当初からの財政貢献を含め、積極的な支援を行ってきた。

具体的な仕組みのひとつ目は、各国が通常保有する在庫のうち緊急時に放出可能な数量を一定量申告（イヤマークという）するものである。日本は二五万トン、中国は三〇万トン、韓国は一五万トン、ＡＳＥＡＮ諸国は九・七万トンを申告している。

これに加えて現物（現金）備蓄として台風や洪水等の災害が想定される地域に、

13 東南アジア諸国連合（Association of Southeast Asian Nations）ブルネイ，カンボジア，インドネシア，ラオス，マレーシア，ミャンマー，フィリピン，シンガポール，タイ，ベトナムの一〇ヶ国から構成される。

14 ASEAN Plus Three Emergency Rice Reserve

あらかじめ米を備蓄し、緊急時の初期対応として放出することも行う。

二〇一三年に発生したフィリピンの台風、ラオスの干ばつなどに対して米の放出が行われ、効果を発揮した。その後、いろいろな事例において備蓄米の放出により事態の改善に効果を発揮しており、新型コロナウイルス感染症の影響に対してはカンボジア、ミャンマーで米の放出が行われている。

最近では、二〇二二年四月にラオス（ビエンチャン市）において、備蓄中の日本及び韓国拠出の支援米一〇〇〇トンに関わる放出式典が開催され、現地から感謝の言葉が述べられるといったことがあった。これらの米は洪水及び地滑りにより甚大な被害を受けた住民に提供された。

このような備蓄制度について日本としてしっかりと取り組み、発展させていくことが大切である。

三―八　家庭における備蓄

国としての備蓄、さらには国際的な連携による備蓄について述べてきたが、いざというときに家庭レベルにおける備蓄もとても重要である。

家庭における備蓄は主に災害に備えるものということになる。

大きな災害が発生し、物流機能が停止した場合、食料品を扱う店の店頭や宅配で食料を得ることが難しくなる。また、電気・ガス・水道などのライフラインが停止することも多い。

過去の例を見れば、災害発生からライフラインの復旧までには一週間以上かかることも多いし、災害支援物資が三日以上到達しないこともある。

家庭での備蓄の目安としては、三日から一週間×人数分の食品が望ましいとされているが、これを参考に、できれば少し多めに備蓄しておくことが大切だと思う。

家庭での備蓄のポイントは、災害時の備えとして主に災害時に使用する「非常食」と日常から使用し、災害時にも役立てる「日常食品のローリングストック」を組み合わせることだとされている。

非常食も防災訓練の際などに実際に食べてみることが大切である。それにより、災害時もスムーズに食べて活力を得ることができる。

日常食品は常に一定量のストックを残しながら消費し、補充していくことになるが、日常的に健康にいいものをローリングストックしていれば、いざというときも健康にいいものを食べることができる。

国や自治体のホームページには家庭による備蓄についてのわかりやすい説明が載っているし、各食品メーカーから備蓄することも念頭に置いた商品が多く販売されている。身近な準備が日本中でなされれば、食料安全保障は国全体としても高くなる。

三―九　遺伝子組換え作物の安全性確保のために

広義の食料安全保障のためには、安全な農産物の提供を確保するという観点も重要である。

各国によって安全に対する考え方が違うのが実態であるが、日本においては日本の科学的知見に基づいて、それに従った安全の確保をしっかりと進めなくてはならない。

日本に輸入される食品については、輸入時は国の検疫所が監視業務を実施、輸入後の流通時には地方自治体が監視業務を行い、安全性の確保に努めている。輸入が多い日本では、こうした体制を強化することは大事なことである。

また、日本においては、遺伝子組換え農産物について自由に流通することに諸手を挙げて賛成するのは少数派であると思われる。

このため、消費者が選択できるように表示制度などが整備されつつある。

これからの表示制度では、分別生産流通管理をしていることを前提に、「意図せざる混入を五パーセント以下に抑えている大豆及びトウモロコシなどについては、『分別生産流通管理済み』」と、「遺伝子組換えの混入がないと認められる大豆及びトウモロコシなどについては、『遺伝子組換えでない』」と表示できるようになっている。ただし、分別生産流通管理されていても、遺伝子組換えが混入している限り、人体に影響があるという意見もあるし、「遺伝子組換えでない」という表示が不使用率一〇〇パーセントでないと使えないのであれば商品を作れない、という意見もある。

この点については、科学的な知見を増すとともに、消費者として何が重要かについてしっかりと把握することが大切であると思う。

そういう状況のなかで、重要なのが遺伝子組換えの研究をしっかりと行うことであると考える。消極的な使用状況になっているから研究もそこそこでいい、ということにはならない。研究を進めていった結果、たとえば「五パーセント以下なら問題ない」という根拠が確立できたら、それを明らかにすることで、消費者もメーカーもほんとうに安心できる。逆に、「五パーセント以下でも問題ある」ということになれば、厳格にそれを踏まえた制度にしなければならない。

さらに健康問題が無視された形で遺伝子組換え作物が世界的に普及していったときに、研究の成果によって日本は異を唱えることも賛同することもできる。研究成果がなければ、異を唱えることも賛同することもできず、世界の動きに合わせるしか方法がなくなってしまう。その結果、日本人の健康が失われることになれば、それこそ大問題である。

他方、遺伝子組換え技術により、高オレイン酸大豆や高リシントウモロコシなど、従来より栄養価の高い作物も生まれ、消費者の注目を集めている。このように遺伝子組換え技術が日々発展していくなかで、どのような対応をしていくかについての科学的な知見を蓄えることが大切である。

日本人の健康を守り、そのうえで食料を確保していくために、遺伝子組換えの研究は積極的に進められなければならない。遺伝子組換え作物については、それを使うかどうかよりも、当面はどの国にも負けない研究体制を整備することが重要である。

たとえば、放射線による突然変異を利用しての品種改良をする方法がある。その研究をしている茨城県にある農業・食品産業技術総合研究機構は、世界最大の野外照射施設を有する放射線育種場を備えている。研究では世界でトップレベルにあると言える。

これと同じように、遺伝子組換えの分野でも、日本はトップクラスの研究レベルを達成し、維持していくことが必要だと思う。

三‐一〇　いざというときにきちんと分配するために

不測の事態が起きたときに備蓄があっても、国民すべてに配分することは難しい。

緊急事態があったときには、とにかく自分、自分の家族の分を確保しようとして、通常時以上の需要が発生してしまうからだ。

これは災害時にはよくあることで、地震が起きたときにはスーパーの食料・日用品があっという間になくなる。

何度も触れてきた一九九三年の米不足のとき、翌年は大豊作であった。政府関係者はほっとしたのだが、そのころから急に米が出てきたのだ。いざというときのために自分の家や倉庫で保管していたものが必要なくなり、放出されたということだと考えられる。

このようなことについてはどう対処したらいいのであろうか。

二〇一一年の東日本大震災のとき、大震災の影響で関東圏などを中心にスーパーの棚に米が並ばない事態が生じた。また被災地ではその日に食べる食料も不足する事態となった。

このようなときに、国が強制的に米を供出させて平等に配分することは難しい。当時は、農協系統や流通業者が政府の要請に応じて迅速な流通に努力してくれたため、店頭に米が並ばない期間は最小限に抑えられたように思う。

被災地に対しては、食品産業の方々の全面的な協力により、どんどん被災地に食料が運び込まれた。交通手段が限られていたため、とにかく自衛隊の航空基地まで運び、それを被災地に運んでもらうようなこともした。震災直後には水産庁の取締船が被災した小さな港まで物資を運んだこともあった。それまで起きた災害の際に都度改善されていったマニュアルに従って、官民総出で被災地への食料供給に奮闘していたことを思い出す。

このような分配の問題が、大きな問題として横たわっていたのが、第二次世界大戦から戦後の時期である。

「米穀通帳」といっても、とくに若い人は知らないと思う。米穀配給制度の台帳として各家庭に交付された通帳である。

第二次世界大戦中の米穀不足に対応して、米の生産・流通までを国が管理することになり、一九四二年施行の食糧管理法によって米穀通帳に基づく米の配給が始まった。米穀通帳がなければ米が買えなくなり、家庭にとってはかなり重要な存在だった。それが廃止されたのは一九八一年六月公布の改正食糧管理法によってだったが、それ以前から米不足は好転していて、米穀通帳の出番はなくなっていた。

ただし、元号が平成になる直前ぐらいまで、いざというときには米の配給制度を復活させるという仕組みが存在していた。買い占めなどで米の流通が不足した場合に、配給制に戻して米を公平に分配しようとしたのだ。

実際には一九七〇年ごろからは米の供給過剰が問題になっており、買い占めなどの事態は起きなかった。配給制度の復活を考えるような事態は起こらなかったのだ。

戦時下という特別の状況ではあったが、国として食料の安全保障を考えたときに、そのうちの流通・分配を平等に行うために出したひとつの政策が米穀通帳に表れている。これは、戦後の食糧難のときにも乏しい食料を国民に配布するのに役立ったと思われる。

当時、「正義感からヤミ米に手を出さず、配給されたお米しか食べなかった裁判官が餓死をした」というニュースが報道され、実際には闇市のヤミ米などを得なければ生活できない家庭が多かったと考えられる。しかしながら、当時、配給制度がなかった場合、貧しい人々は闇市でいくばくかのヤミ米を買うことができたとしても、それだけで生活できたとは考えられず、このような強制的な配給の仕組みをとらざるを得なかったということである。

配給制度は、米の販売店が許可制だったからこそ成り立っていた制度でもある。米の販売店が限定されていれば、厳格にコントロールすることは可能だからだ。しかし米の販売が自由化されている現在では、米穀通帳の出番もあり得ないということになる。

現在においても、国民生活との関連性が高い物資などの価格及び需給の調整等に関する緊急措置を定めた「国民生活安定緊急措置法」、国民生活との関連性が高い物資などについて、買い占め及び売り惜しみに対する緊急措置を定める「生活関連物資等の買占め及び売惜しみに対する緊急措置に関する法律」などにより、緊急時の対応が図られることにはなっているが、具体的な仕組みが構築されているわけではない。

配給制度、食糧管理法のない現在、分配という視点に立った場合の食料安全保障についてはどう考えていくべきか。現代を生きる我々日本人はもう一度考えてみる必要があるのではないかと思っている。

三―一　食料自給率を上げることができた英国

食料安全保障は世界の各国で重要な課題であり、さまざまな努力がなされている。

このような各国の努力のなかで英国の例が語られることがある。

英国の食料自給率（カロリーベース）は、一九六六年には四五パーセントでしかなかった。それが一九九六年には七九パーセントに達している。その後は下げ基調だったが、二〇一九年には七〇パーセント程度である。

英国には、一八一五年から一八四六年にかけて「穀物法」という法律があった。穀物価格の高値を維持することで議会において優勢だった地主の利益を守ることを目的とした法律で、国内価格が一定額に達するまで外国産小麦の輸入を禁止するというものだ。

この穀物法を廃止したのがロバート・ピール内閣で、一八四六年のことである。英国は自由化を選択したことになる。

自由化したことで、英国には安い小麦が輸入されるようになる。そして国内での生産は疎《おろそ》かにされ、自給率は低下した。

その影響が出たのが第一次世界大戦のときだ。戦争で世界的に小麦の生産が落ち込むなかで、英国の輸入量も激減することになったからだ。といって国内の生産体制も整っていないため、国内で供給することもできない。英国の国民は「飢える」ことになった。

それでも英国は自給率を高めることに熱心ではなく、第二次世界大戦でも同じ経験をすることになる。

その経験を経て英国がようやく学んだのは、基本的な食料については国内で生産すべきだ、ということだった。その考え方の下に、英国は自国での小麦生産を奨励する政策をとっていくことになる。同時に、輸入についてもできる範囲での制限的な運用を行った。

これらの政策によって英国の自給率は確実に上がっていった。それが七〇パーセントという高い自給率につながっている。

なぜ英国でできたかということには、パンが主食というスタイルが英国ではずっと変わらないでいることが大きいと思われる。小麦の実需は確実にあるわけで、生産奨励がそのまま自給率向上につながったことになる。

食料安全保障課長のときに、「同じ島国でありながら、英国は食料自給率を向上できた。日本も同じ島国なのに食料自給率を上げられないのはおかしい。英国のやり方をまねるべきだ」と言われて、なんと答えたらいいか困ったことがあった。

日本も米の生産奨励に力を入れれば、米の生産量を増やし、数字上の自給率を上げることはできると思うが、問題は、主食である米の消費が急速に落ち込んでいて、その生産を増やした部分の米を食べてもらえないということである。

先にも述べたが、日本でのひとり当たりの米の年間消費量は、一九六二年度の一一八・三キログラムをピークに、二〇二〇年度には五〇・八キログラムと半分になってしまっている。そうした状況のままに米の生産を増やしても米余り状態をつくりだすことにしかならない。

その問題を解決する方法として、米の輸出や米粉利用などがあり、このことについてはのちに触れたいと思う。

三―二 食料安全保障政策の見直しに対する期待

現在の食料安全保障についての基本的な考え方と、それに対する筆者の意見を述べてきたが、食料安全保障については政府としても全般的に政策を見直し、発展させていこうという動きがある。

二〇二二年九月九日に首相官邸で開かれた「食料安定供給・農林水産業基盤強化本部」の会合では、気候変動問題への対応や食料供給体制の確保など、農業を取り巻く課題を踏まえて、農業政策の指針となる「食料・農業・農村基本法」（新基本法）の改正に向けて検討を進めることが確認され、一二月二七日には食料安全保障強化政策大綱が取りまとめられた。

政府としても、食料安全保障の強化や農業の持続的な成長に取り組む姿勢を明らかにしたことになる。

食料安全保障の強化のための対策として、肥料の国産化、生産資材の使用低減や省エネの推進——投入する材料を少なくし効率的な農業を進める——などの生産資材代替対策と海外依存の高い麦・大豆・飼料作物の生産拡大を進めること、それとともに、現在の生産資材などが高騰していることに対処するために経営への影響緩和策を講じ、適正な価格形成などについての国民理解の醸成を図ることが示されている。

当面の対応として重要なことが盛り込まれていると思うが、長期的視点に立ち、さらなる検討が必要であろう。備蓄のあり方の見直しもテーマとして盛り込まれている。大いに議論してもらいたいと思っている。

また、現行の制度のなかでの工夫も、さらにしていくことが重要である。新型コロナウイルス感染症が発生した当時、店頭からマスクだけでなく、ティッシュペーパーやトイレットペーパーがなくなる騒ぎが発生した。同じようなことが食料品で起きれば影響はさらに大きくなる。

農業関係者、食品企業、流通企業の協力により、ゴールデンウイークも休まずに食品工場を動かしてもらったり、大都市圏の店頭から商品がなくならないように努力してもらったことの効果が表れたと考えている。政府も原料が足りなくなるのではないかという心配を起こさないように、政府が関与できる輸入については前倒しで輸入するなどの対応をした。

いざというときにできることを整理しておくことは重要である。

第四章

稲作と水田という日本の強みを活かすためには

四―一　食糧管理制度と減反

食料安全保障の強化に向けての具体策については、日本という国の特色を考え、活かしながら進めることが重要である。

本章では、稲作と水田という日本の強みを活かして食料安全保障を強化していくことについて述べたい。

米は日本の主食であり、古くは弥生時代（一説にはそれ以前）から生産されていた。

この米について、江戸時代までは基本的に国内での生産以外のものが入ってくるということはなかったが、明治以降は米も輸入されるようになってきた。

明治維新ののち一八九〇年代には米の自給率は一〇〇パーセントを下回り、大正時代には九四パーセント、昭和初期には八五パーセントとなり、不足分は海外から輸入していた。

このような状況のなかで、明治期から米を安定的に供給し、米価を安定させるということは、重要な政治課題であった。

そして一九四一年に対米戦争が始まると、戦況の悪化とともに輸入米を運ぶ商船が確保できなくなることなどもあり、日本国内の食料不足が深刻になっていく。一九四五年に終戦を迎えたものの、戦争による耕地の荒廃、労働力不足で国内生産も回復が遅れていた。ようやく一九五〇年以降に、タイ、ビルマ（現・ミャンマー）、米国、エジプトなどから米を輸入することができるようになり、米不足が解消されていく。

一九五二年には一〇年後までに米と麦の国内自給の達成を目標とする「食糧増産五ヶ年計画」がつくられ、国内生産の増大に取り組むことになる。戦後、農林省（当時）の最大の任務は、国民にしっかりと米を食べてもらえるようにすることであった。そして一九六七年度に、約七〇年ぶりに米の自給を達成することができたというのが米の自給に関する歴史である。

米の自給を達成できた次に起こったことは、米の余剰問題である。生産振興が効果を上げていくのと同時に消費が落ちてきたからである。ひとり当たりの米の年間消費量は、一九六二年度の一一八・三キログラムをピークに減りはじめる。二〇二〇年度には五〇・八キログラムと、一九六二年度の半分以下にまでなっていることには何度も触れてきた。

そうしたなかで一九七〇年、最初の減反政策が実施されることになった。これ以降、米については生産過剰問題がつきまとっていく。

輸入せざるを得ない不足基調のとき、逆に過剰基調のとき、そのときどきの米の需給状況に対して政府はさまざまな対応を試みることとなった。

戦前においては、米の価格が高いときには政府が在庫を放出し、米の価格が安くなったら買い入れするという間接統制により米の需給を安定させる。これが基本的な考え方であった。

しかしながら、一時、国家予算の三分の一を費やしてもうまく米価を制御することはできないことが続いた。そういうなかで、国民の主食を安定的な価格で提供しなければならないという観点から徐々に統制色が強まっていき、その集大成が「食糧管理法」ということになる。

食糧管理法は、一九四二年に制定されたもので、戦時下での食料供給と価格の安定を目的とするものだった。乏しい食料をすべての国民にできるだけ平等に分配しようとしたのである。そのため、米の生産から流通、消費までを国が管理することになり、生産された米の全量を政府が買い上げる仕組みとした。

農家が生産した米は政府が買い上げることになっていたので、買い上げた米が余れば、政府が財政負担をして保管し、財政負担をして処分せざるを得なかったのである。

このシステムは、法律が廃止される一九九五年一一月一日まで形を変えながらも続いた。

ちなみに減反政策が始まった当時において乱暴に食糧管理制度を廃止したとしたら、米の価格はいったん暴落し、小規模な農家には大打撃となり、農村は極めて厳しい状況になったと考えられる（その後も乱高下した可能性が高い）。そのような問題を起こさずに、実態を改革していくにはどうしたらいいかという検討が続けられたのである。

減反政策は、このような食糧管理制度の下で、政府の保管・処分の財政負担を軽くするという面もあり、誰も食べない（買ってくれない）米の生産を抑えるためのシステムであった。

なお、当時の農林省は、減反政策が続くとは考えていなかったとされている。当時増えつづけている人口を見れば、このままいけば全体として米の消費量は増え、減反政策を続ける必要がなくなる、と想定していたのだ。

いまになって、最初から減反政策などせずに米は自由化してしまえばよかった、という意見も聞かれる。自由化していれば、需要と供給のバランスで、農家も売れないものは作らないので自然に生産は抑えられたはずだ、というわけだ。

しかし、国民の主食たる米の生産と価格は安定させるべきだし、安定させていくためには政府が管理するべきだという考えから、食糧管理法を維持しつつ減反政策をとるという選択肢が選ばれたわけである。

食糧管理法の下では政府は生産された米を買い取る義務がある。

農家にしてみれば、生産した米は必ず買い取ってもらえるのだから、経済的な安定にはつながる。だから農家は、当時政府が決めていた米価についてはその引き上げを要求し、減反政策については反対して自由に米を作らせろと主張したのである。米が余るリスクは政府が負う仕組みだったからだとも言える。

それが一九九五年一一月に食糧管理法が廃止となって政府の買い取り義務が終了すると、農家も減反に賛成する動きに変わってきている。価格も市場で決められる。減反せずに米を生産しつづけて生産量が増えれば、米の消費は減っていることもあって、価格は下落する。それを防ぐには生産量を減らして需給バランスをとる必要があるからだ。

価格を維持したい農家にしてみれば、自分以外の農家が米作りをあきらめてくれたほうが都合がいい。生産量が減ることで、自分の作った米の価格が維持できるからだ。そういう農家は、むしろ国が積極的に減反政策を進めてくれることを望んだ。

食糧管理法の下での減反反対は、生産すれば生産するだけ政府に一定の価格で買い取ってもらって生活を豊かにしたいという発想からのものであり、食糧管理法が廃止されたあとの減反賛成は、市場で決まる価格を維持して生活を豊かにしたいという発想からきていた。

食糧管理法の運用に当たって、政府がこれらの状況をすべて見極めて適切な価格設定ができたり、生産を強権的に割り当てて生産量を完全にコントロールできればいいのだが、政治プロセスを含む行政的な手法で、農家の生活はできるだけ豊かにしたい、生産量は需給が釣り合うものにしたいというさじ加減は困難というか不可能に近いことだと思われる。

「経済学の父」と呼ばれた英国の経済学者アダム・スミスは、『国富論』のなかで「神の見えざる手」という言葉を使った。統制をしないで個人が私的な利益を追求しても、神の見えざる手が働いて、おのずと需給のバランスがとれていく、というのだ。

その理論は、工業製品の場合は当てはまることが多いと思われる。しかし年に一回しか収穫できず、天候にも左右されやすい米の場合、神の見えざる手に委ねるだけでうまくいくのか、疑問である。長期的にはそうなるとしても、一年ごとの大きな価格の上下と生産量の増減が国民の主食たる米に起きることを許すということはできないと思われる。

国民のカロリー摂取の主体だった米に対して、単純に神の手に委ねる、自由に任せる、という選択は難しかったと思う。

政府の減反政策は、減反農家に補助金を支給することで行われた。その補助金は二〇一八年度に廃止され、減反政策は終了した。農家は自分の判断でどの程度米を生産するか判断して作付けすることとなり、市場動向を見極めながら生産することが重要となっている。

市場では、「美味しい米」は売れるが、「美味しくない米」は売りにくい。政府が全量を買い上げていた時代にはあまり気にしなくてもよかったことだが、いまは極めて重要なことになっている。

ただし、政府が全量を買い取っていた時代にも、品質が無視されていたわけではない。品質によって買い取り価格に差がある仕組みも導入された。品質に応じた一類から五類までの五つの区分である。米のうち平均的なものが「三類」に分類されるものである。この三類の価格を基準にして、一類、二類は多少高く買い入れるが、四類、五類となると逆に安く買い入れる。一類から五類までのトータルの価格の平均のことを業界用語で「ヘソの価格」と呼んでいた。いわゆる米価である。

筆者が食糧庁の係員として勤めていたころ、その仕組みを国会議員に説明に行くと、「農家の方は誰もが一生懸命お米を作っている。その米に国が格差をつけるのは、とんでもない」と叱られたことがある。それは「量を充足させる時代」の発想がまだ残っていたのだと思う。

四―二　自主流通米の導入から現在の米政策へ

まだ食糧管理法が生きていたなか、一九六九年に導入されたのが自主流通米の制度である。食糧管理法では生産された米の全量を政府が買い上げることになっていたが、その例外として、政府を通さずに直接米卸業者に流通させることを認めた制度だった。

食糧管理法では政府が高く買って安く消費者に売るという現象、いわゆる「逆ざや」が起きていた。国民の主食を生産しているのだから農業者からは安定した高い価格で買い取り、日々の生活に欠かせない主食だから消費者には安い価格で売り渡していたということである。このため政府として赤字を抱えることとなり、これが問題となっていった。

なかには、「自分の作る米は高品質なのに、政府の買い上げ価格では安すぎる」と不満をもつ農家も存在していた。そうした農家の声を拾い上げ、政府を介さず自分たちで売れるようにすれば、政府が買い上げる分を減らすことができる。政府が管理する経費も節約でき、赤字も減ることが期待される。そうして制度化されたのが、自主流通米である。

農林省（当時）としては、「高いけれども品質がいい」という自主流通米のイメージを定着させるのに腐心した。それが成功して、自主流通米を積極的に購入する消費者が増えていった。

美味しい米を作れば自主流通米として高く売れるとなれば、積極的に取り組む農家も増えていく。そういう農家が増えていくことにより、より売れるものを作る競争になり、米の品質向上にもつながっていった。

先に述べた五類の買い入れ価格の対象は、主に北海道の米であった。気象条件が厳しく、なかなか美味しい米ができない地域であったが、地域での努力が続けられていまでは北海道米といえば美味しい米という評価が定着している。

農林水産省では、入省後二年目に農村派遣研修という現地の農家などに約一ヶ月間泊まり込んで研修する仕組みがあり、筆者は北海道の上富良野町のテンサイ（砂糖をとるビート〔サトウダイコン〕）や米を作る農家で研修させていただいたが、当時は北海道の米が美味しくないことを農家の方々が自覚していて、どうしたら美味しくなるかについていろいろと研究をしているところであった。いまやその努力は完全に実っている。

一方で、品質競争についていけない農家もある。とくに高齢化した農家では、新しいことはやりたがらないという面もある。そういう農家などはこれまでどおり丹精込めて作った米は政府が義務として買い上げるのが当然だし、その価格についても生活ができる価格にするのが当然だと主張する。つまり、食糧管理制度を維持しつつ、生活できるような高い買い入れ価格を政府が設定すべきだということになる。

そんなわけで、どのような水準の価格にするかについては、政治を巻き込んで激しい議論・折衝が行われた。食糧管理法の下で政府の買い上げ価格を決めるのを担っていたのが食糧庁（二〇〇三年七月に廃止）だった。

筆者はそこで仕事をしていたことがある。ある年の政府買い入れ価格の決定に当たって、農家の規模拡大や技術の進展など生産の状況、ほかの作物の物価の状況などを踏まえれば、価格を引き下げる必要があるという政府全体の判断があったとき、それを実現していくことは本当に大変なことであった。

当時の幹部は日本の稲作農業の未来や諸外国の状況、財政状況などいろいろなことを考えて判断したのだと思うが、さまざまな意見の調整を経て結論を出すまでにはものすごいプレッシャーがあったというのが実感であった。

もっと下げるべきだという意見、価格は上げるべきだという意見、それらはみんな一定の根拠があるものだったし、政治プロセスも大変なものがあった。そういうなかで、できるだけ未来のためにもなり関係者の理解も得られるように努力するというのは並大抵のことではなかったと思う。

食糧管理法が駄目だったのだからすぐに廃止すべきだったと簡単に言う人がいるが、ふたつの点で正しくないと思う。

ひとつは、戦後の混乱期などに金持ちだけでなく、貧乏な人々を含めてできるだけ多くの人に米を平等に行き渡らせ、作ったものは必ず買うという仕組みの下で、米生産を発展させるためには極めて有効な仕組みだったと思うからである。

もうひとつは、そこに存在している食糧管理法をどうすれば廃止することができたか、いつ廃止することが可能だったかを考えていないからである。

食糧管理法を廃止するとなると、それに対する抵抗は当然にすさまじいものとなることは間違いない。その抵抗は単に既得権益を不当に守りたいというものではなく、国民に安定的に米を供給し、農家の生活を維持発展させるためにプラスでないことはさせないという意思によるものであろう。

農水省のなかでは、米流通を自由化していくべきだとの意見は早くからあったが、このような強い抵抗を考えればすぐに実施することは難しく、円滑に次の段階に進んでいくための準備とともに進めていくということが適切だという状況にあった。

行政官で仕事をしていると、行政の施策については先を見越すことが大切だとよくいわれる。しかし、先を見越して国民が反対することを断行することについては注意が必要であろう。行政官で仕事をしていると、行政はもっと国民の声を聴くべきであるともよくいわれる。

自主流通米が広まることで、自由な流通と価格決定について少しずつ抵抗感が弱まっていくこととなった。まったくなくなったわけではないが、農家にも消費者にも自由化を受け入れる土壌ができていく。

食糧管理法が廃止されるのは一九九五年で、自主流通米制度が導入されてから三〇年近く経ってからのことだ。

現在は、食糧管理法はなく、米も普通に売買される。どれだけ作るかも農家自らが決めることとなっている。しかし、全体として生産が過剰となれば米価が低下し、農家の経営に影響が出るため、農業生産者団体も個々の農家も全体の需給を見ながらどのような生産をするかを判断していくことになっている。

水田として整備された農地全部に米を作付けた場合、米が過剰になることは明らかなので、現在水田であるところの一部には野菜など農業経営にプラスになるものを作付けてもらうことが、日本全体の農業にとっても重要である。

このような観点から、水田で米を作らないための補助金である減反奨励金はなくなり、さまざまな作物を推進するための支援策である「産地づくり推進交付金」による支援が行われるようになった。米だけに頼ってきた農業から多様化を目指している。

四-三　米だけ自由に作ればいいのか

米に関する政策については、いろいろな意見がある。

すでに述べたように、国民の主食であり、かつ農業者の基幹作物であったため、米については食糧管理制度が設けられ、厳格な管理の下で生産・流通・消費が行われた。しかしいまはほかの作物や品目と同様に自由な作付け・流通が行われている。

米について、農家に作りたいだけ作らせれば、需給も価格もうまくいくというような主張がよく聞かれる。単純に作りたいだけ作らせるだけではうまくいかないことは論者もわかっているために、いくつかの対策を併せて講じるべきだということになる。

まず、作りたいだけ作ることによって、国民が必要とする量よりも多く生産されれば価格が下がるということをどうするかという問題がある。

これについて、価格が下がれば次の年には作るのをやめる人が出るから大丈夫である、という神の見えざる手があるという説については、多くの人が農産物の特性から次年度以降に予想したようにうまくいかないこと、暴落が一年だけだったとしても問題であるということがある。

次に、国民が必要とする量については高い値段で売り、それよりも多い部分については海外に輸出、または援助すればいいという論もある。

食糧管理制度の時代にもこのような論はよく聞かれた。そのときには実際にそういう取り組みもしたことがあったが、海外に輸出しようと思っても日本の米の価格と海外の米の価格の差が大きくて輸出できなかったのが実態であった。

海外で食料に困っている人々に援助すればいいではないかという意見もあったが、これには財政負担が必要となる。財政負担があっても一定の援助は大切なことで実施もしたが、国際機関からの指摘は「日本政府が財政負担するのであれば、日本の米を援助するのではなく、その財政負担のお金で海外のお米を買って援助してください。そうすれば、(たとえば)六倍の人々が飢えから救われることになります」というものであった。

ちなみに、政府の所有米穀を援助する際、日本の米の価格と海外の米の価格の差額については食糧管理制度のなかで負担し、海外の米の価格については海外協力としての財政負担をするようなこともあった。

なお、あとで述べるように、いまでは海外において日本の米の人気は非常に高い。いまは以前の考え方とは別に、新たな需要のひとつと見なすことができる。

また、価格低下はそのままにして、一定の農家や大規模農家など、これからの稲作を担うべき農家だけに価格低下相当分の支援をすればいいという論もある。

価格低下をそのままにして、すべての農家に価格低下相当分の支援をするとすれば、それは食糧管理制度と事実上同じであるからあり得ないが、この考え方のいいところは米の価格下落により、ほかの穀物等に対する米の競争力が増すということと、支援する農家を限定することにより、財政負担に歯止めをかけることができるということである。

しかしながら、どの農家に対して支援するのか、どの程度の支援をするのかについての判断は簡単ではない。ある基準で支払いを受けられる農家と受けられない農家が、峻別《しゅんべつ》されてしまうからだ。単純に面積で線を引けば、その面積にわずか足りない農家の怒りを買い、年齢で線を引いても一歳年長の農家の怒りを買うと考えられる。こういうときに「意欲と能力のある」などと抽象的な概念で分けるようなことをすれば、結局欲しい人にはみんな支援することにもなりかねない。

また、米の価格水準が下がっていくということは、水田から発生する経済価値が下がるということである。かつて、日本の水田からは四兆円ほどの富が算出され、巡り巡って農村の経済を支えていたと考えられる。地域経済を回す極めて大きなエンジンであった。それが現在、二兆円を大きく下回っている。

米の自給率に占める割合を見ても、カロリーベースでかつて四〇パーセント以上だったが、現在は二〇パーセント程度まで落ちていることが問題視されている。ただこの事実だけでなく、金額ベースでは一〇パーセントを少し超える程度しかないことにも留意すべきである。

筆者はどう考えるかといえば、面積当たりでの高い収入が期待できる野菜等への転換は進めつつ、ブランド米として「高価でも食べたい」とされるものを応援する。それとともに、収量が極めて多い品種を育成し、米粉などの新しい用途へ少し安い価格での活用を図っていくのがいいのではないだろうか。

また、政策は先を見て手を講じることが大切だが、実現するのが難しい極端なことを言って、当面の一歩の前進ができなくなるのを選ぶのではなく、関係者とよく議論をして、少しずつでも世の中が実際に良くなることに、力を費やすことがいいと思っている。

なお、EU（ヨーロッパ連合）が行っていた、国が農家の収入保障を直接支払いによって行う「共通農業政策」について言及されることがよくある。

筆者は、国が農家を支援するのは必要なことであると考えている。

EUの直接支払いは、環境・土壌保全に関する共通遵守事項（クロスコンプライアンス）を満たす農家について直接の支払いを行う。直接支払いでの収入保障によって、農家を保護すると同時に農地も保護することを狙っている。このような政策を参考にすることはとても重要である。

ただし、これができたのは、EU統合のときに、日本円にして六兆円もの農業育成のために使うプール資金があったことが大きいと考えられている。この資金があったため、全部のEU加盟国で農家を保護する政策を実施することができた。

もうひとつ、EU成立直後において、域内の農家では規模に大きな差がなかったことも、これらの政策が実施できた理由だと考えられている。

規模に大きな差があると、どの規模まで保護するのか議論がまとまりにくい。最近においては、拡大したEU内においてさまざまな規模の農家があるため、統一的な政策づくりには苦労している印象だ。

日本の場合、財源となるものもなく、農家の規模にも大きな差があるため、EUのような直接払いでの収入保障制度をつくるには、多くの課題を乗り越える必要がある。

現在の日本でできる直接支払いの仕組みを順次拡大していく。そのうえで日本らしく農家を守り、農地を守っていくための支援制度を提案するとともに、きちんと国民の理解を得て、国が財政負担をしていくようにすることが必要だというのが筆者の考えである。

ただ単に「農家に金を補助しろ」とだけ言ったり、「経済界や政治・行政が悪い」と言いつのることは、民主的に政策が決定される現在の政治行政の仕組みの下においては、農業を振興していくための政策をつくっていくことの障害になるのではないだろうか。

四-四　世界は日本の米を待っている

国内での米の消費を伸ばす努力は、いろいろなところで、さまざまに行われている。そうしたなかで、輸出も大きな選択肢になりつつある。海外では日本の米が驚くほど売れている。

二〇二二年度の米の輸出量は、二万八九二八トンである。二〇一七年度が一万一八四一トンなので、五年間で二倍以上に増えた。

輸出先はトップが香港で、次いでシンガポール、米国、台湾、オーストラリア、中国の順になっている。

日本の米が受け入れられている大きな要因は、「美味しい」という理解が浸透してきているからだ。その日本の米を美味しく炊くには日本製の電気炊飯器に限る、というので海外からの観光客が日本の土産として炊飯器を買い求めるのも珍しくなくなってきている。

なかでも中国は人口が急増していることに加えて、食生活も豊かになっているため、まだまだ日本の米が受け入れられる余地は大きいと考えられる。中国が輸入を増やせば、また格段に日本からの輸出量は増えるはずだ。

ただ、中国への輸出には問題もある。中国は日本からの米の輸入を自由化しているわけではなく、手続きと手間、そして経費が結構かかっている。

さらに中国へは、中国側が認可した指定登録施設で精米し、なおかつ、害虫駆除や防カビ・殺菌の目的で二酸化炭素による燻蒸《くんじょう》などがなされた米しか輸出できない。その施設は現在、全国で四ヶ所しかない。処理能力には限界があるので、需要はあっても、なかなか輸出が増えていかないのが現状だ。

日本産の米に燻蒸を求めている理由を中国は、日本にしかいない害虫が入っている可能性があるからと説明している。これについては、日本側から科学的な検証を提案しているし、中国側も消極的ではない。その交渉がうまくいって、燻蒸などの条件が必要なくなれば、かなりの量が中国に輸出できるはずだ。

また、輸出が期待できるのは中国だけではない。小麦などを海外に依存しているアフリカ諸国も有望である。

ロシア・ウクライナ情勢で小麦の輸出が滞ったことがアフリカに影響したことは広く報じられている。考え方によっては、日本からアフリカ諸国に米を輸出するチャンスである。アフリカ諸国の人たちも、最近、かなり米を食べるようになってきている。サハラ砂漠以南のアフリカ諸国の米消費は、一九六〇年の二〇〇万トンから二〇〇七年の一六八〇万トンへと増加し、その後も伸びつづけている。そこには、日本から米を輸出できる可能性が潜んでいるはずだ。日本で生産している短粒種米は好まれないという意見もあるが、その味を伝え、料理法を伝えることで可能性は広がるのではないか。

アフリカ諸国で日本の米が食べられるようになれば、かなり大きなマーケットになることは間違いない。

もともと、炊き込みご飯風の料理があるなど、米を受け入れる文化はあるのだから、日本の米の美味しさを伝えることで開拓の余地はあるはずである。

世界的に米需要を高め、それに応えられる生産をしていくことが自給率を上げ、非常事態のときにも食料を確保できる安全保障にもつながる。そして、日本経済にも大きく貢献することになるはずだ。

四―五　米粉という選択

米の話をするときに、どうしても「炊いて食べること」を前提にしがちである。そうなるとご飯になるのだが、日本人の食生活は多様化し、朝食にもご飯を食べない人が少なくない。

ひとり当たりの米の消費量が減少しているのには、こういうことも影響しているかもしれない。一九六二年度の一一八・三キログラムから二〇二〇年度の五〇・八キログラムと半減している米の消費だが、日本人が食事をしなくなったわけではなく、食べるものが変わってきたのだ。

二〇二二年度における食料用米の生産量は六七五万トンで、比較可能な二〇〇四年度以降、初めて七〇〇万トンを下回っている。これは「炊いて食べるご飯」の消費が減少していることが大きな要因である。とすれば、炊いて食べるご飯以外の需要を増やすという取り組みも必要なのではないか。現在の日本人の食生活に合った米の食べ方を考えることが大切である。

パックご飯は、ひとつの解決法になると期待している。

炊飯という手間が省けるし、少量に小分けされているために無駄なく食べることができる。保管も長くできる。前述した輸出にも向いている。

いま、パックご飯が期待されているのは、美味しいパックご飯ができたことが大きい。美味しい米の産地として有名な新潟県では、パックご飯についてもその美味しさを保全するための技術開発が進められてきた。

新潟県のサトウ食品株式会社によれば、最近は製造が追いつかないほど消費が伸びているということである。

そして、もうひとつ注目されているのが「米粉」だ。米を「粒」ではなく、小麦のように「粉」にして食べる方法である。

筆者が食料安全保障課長のときに大々的に消費拡大のキャンペーンを始めたこともあり、米粉に対する思い入れは強い。ただ、思い入れは別にして米粉の可能性は極めて大きいと思う。

米を粉にして食べる方法が、日本になかったわけではない。煎餅《せんべい》は粉にした米を練って薄くして焼く。団子も、粉にした米を練って丸め、蒸したり茹《ゆ》でたりしたものだ。和菓子にも米粉が使われている。これらは今後も米の消費拡大に大きな役割を果たしつづけると思うが、主食的な役割として米粉が使われるようになれば、消費量の大きな伸びが期待できる。

小麦粉と同じようにパンとかパスタにすればいいということになるが、それが簡単にはいかなかった。米は胚乳《はいにゅう》などが硬く、小麦粉と同じレベルの細かい粉にできなかったからだ。米と小麦では性質が違うので、同じ方法では同じような細かな粉にはできない。

しかし近年、米を小麦粉と同じぐらいに細かな粉にする技術が開発されてきた。たとえば新潟県は「微細製粉技術」を開発し、一九九八年には米粉製造を専門とする新潟製粉株式会社を設立している。そうした技術で作られた米粉は、パンの材料にもなるし、パスタにして食べることもできる。小麦粉と同じような使い方ができるようになってきたのだ。

最近では、いろいろな場所で米粉パンが売られているし、米粉パンの専門店も見かけるようになった。米粉が、主食の分野にも進出しつつある。

後押しになっている理由のひとつに、世界的に「グルテンフリー」の考え方が広まりつつあることがある。小麦粉には「グルテニン」と「グリアジン」というタンパク質が含まれており、このふたつが絡み合うことで「グルテン」になる。

このグルテンが小腸の組織に悪影響を与える場合があるとして、グルテンの摂取を避けるスポーツ選手が増えた。その動きは海外から始まって、いまでは日本でも、グルテンの入っていない食品を選ぶグルテンフリーが広まってきている。また、小麦にアレルギーのある子供たちが小麦粉を使っていないパンやパスタを食べたいという要求もあるそうだ。

米粉には、グルテンが含まれない。グルテンフリーの食生活でも、米粉を使った食品なら大丈夫というわけだ。そうして、米粉のパンやケーキが注目されてきている。

二〇一八年には、農水省でも「ノングルテン米粉認証制度」などを導入することで米粉の普及に力を入れている。スーパーでも米粉を置くところが増えているし、パンやケーキだけでなく、インスタントラーメンやパスタなどにも利用されるなど、米粉の利用は広がっている。

グルテンフリーが日本より海外で注目されている状況では、米粉や米粉製品が有力な輸出品になる可能性もある。最近は、日清製粉株式会社をはじめとして小麦の製粉メーカーも米の製粉に関心を寄せている。

小麦と米では製粉の方法はかなり異なり、小麦粉の製粉ができれば米の製粉が簡単にできるというものではない。とはいえ、全般的な技術や工場の運営などで培ったことを米粉製造に役立てていただければと思う。

問題は、価格である。まだまだ流通量が少ないために、米から米粉にするコストは割高になっているのが現実だ。しかし流通量が増えてくれば、コスト削減につながるはずである。

小麦は加工することを前提にしているので、加工に向いた品種が低コストで供給されている。しかし、米は加工を大前提にしていないため、まだ価格が高いという側面がある。そこで二〇〇九年七月一日には「米穀の新用途への利用の促進に関する法律（米粉・飼料用米法）」がつくられ、米粉専用の品種栽培を支援する体制が整えられつつある。

米粉を使った製品を手掛ける事業者が増えていけば、米粉用の米を作る農家も増えていく。日本の農家が長年にわたって培ってきた米栽培の技術が活かせるし、日本人の変わってきた食生活に米を活かしていく道を拓くことにもなる。

四—六　飼料用米という方向

飼料の原料として中心的な存在がトウモロコシである。このトウモロコシと精米する前の玄米は、ほぼ同等の栄養価がある。そこで、政府としても飼料米の栽培を推進するために、一〇アール当たりの収穫数量に応じて五万五〇〇〇円から一〇万五〇〇〇円の補助金を支給している。農家が栽培したときにできるだけ人の食べる米と同じぐらいの収入にして、栽培を推進するのが狙いだ。

飼料用米の作付面積は、二〇一四年度が三・四万ヘクタールで生産量は一九万トンだった。これが二〇二〇年度には作付面積七・一万ヘクタール、生産量は三八万トンとなっている。

主食用から飼料用の米に転換するメリットは、まず水田をそのまま使えることにある。農家にしてみれば、それまでとほぼ同じ作業をやっていればいいので、まるで違う作物に転換するよりは楽と言える。

飼料用のトウモロコシは現在、九割までが輸入に頼っている。飼料用米の活用が進めば、この割合を減らし、食料自給率の改善につながる。飼料用原料の輸入依存を軽減することになるからだ。

食用にできる米を飼料用にするのはもったいないという意見もあるが、食用の米を作っていたノウハウが使え、それまでの機械類も使えて、一定の収入が確保できるとすれば水田を確保できるため、いざというときには食用に転用できるという。食料安全保障上のメリットは大きい。

しかし、米を飼料用にすることが最善の策かと言えば、疑問がある。同じ作付面積で飼料用として最大のカロリーが得られる作物を作るなら、米よりもトウモロコシのほうが効率はいい。さらに、現在も大きな財政負担をしながら生産していることから考えれば、増産していくことの困難性もある。

一方、トウモロコシはそもそもアジアモンスーン気候に最適な作物ではなく、水田のような湿地での栽培には困難性をともなうという問題がある。加えて、トウモロコシを栽培するのであれば、財政負担なく農家が十分な収入を確保できるというものでもない。

このようなことから、米の消費拡大については、輸出、米粉などを積極的に進めつつ、湿田を含む日本の水田を守り、いざというときの食料安全保障の強化に資するという観点から、飼料用米の生産をしていくことが必要ではないかと考える。

飼料用米については、単純に拡大すればいいのではなく、米のほかの用途の拡大を広めつつ、その補完として作っていくという考え方がいいのではないか。どんなに財政負担しても飼料用米を増やせばいいという単純な話ではない。冷静な議論が必要だと思う。

四-七　日本の水田を守ることは食料安全保障の要

付加価値の高い作物を作っていくという方向性は、農家の経営を安定させる意味では間違っていない。一方、食料安全保障の観点からすると、付加価値の高い作物を作るだけではなく、国民を飢えさせない、国民のおなかをいっぱいにできる作物を確保しておくことも重要である。

そういう作物と言えば、やはり米だ。カロリー的にも高いし、何より日本が自給できる作物であり、栽培のノウハウも世界のどの国よりもレベルが高い。

二〇二二年産水稲の全国の一〇アール当たりの平均収量は五三六キログラムだった。品質ではなく量だけを追求した米を生産するなら、もっと平均収量を増やすことはできるはずだ。

いざというとき日本人が飢えないために、日本の水田はどれだけの米を作ることができるのか、しっかりと把握しておくことが大切なのではないだろうか。

試算してみると、ひとりが一年に米だけで必要なカロリーを得ようとすると、二〇〇キログラム～二二〇キログラムが必要となる。一〇アール当たり五三五キログラムの米がとれるとすると、これは二・七六五人分となる。一ヘクタールで二七・六五人、一〇〇万ヘクタールでは二七六五万人分となる。机上の空論だが、日本の人口を一億二〇〇〇万人とすれば、四三〇万ヘクタールの水田がなければ日本人の必要なカロリーを供給できないことがわかる。

ところで、宮澤賢治の「雨ニモマケズ」にある〈一日に四合の玄米と少々の野菜と味噌を食べ〉ると、厚生労働省が定める「日本人の食事摂取基準」のミネラルを含めた各栄養素を満たすとのことである。一日に四合（六〇〇グラム）とすれば、三六五日分で二一九キログラムとなる。

ちなみに、サツマイモなどを栽培すれば面積当たりで生産されるカロリーはさらに大きくなる。

これらを勘案して、どの程度の水田を守っていくかについてはしっかりと検討する必要がある。

その水田で必ずしも米を作りつづける必要はない。水田は、水田として使っていなくても、農地として確保され、なおかつ、いつでも水が引けるようにしておけば水田として復活できる。そうした状態を確保しておくことが重要である。ただし、すべて水田に戻せるようにすればいいというわけではない。生産性が高い畑地にしたほうがいい場合も多くあり、水田としては不適な土地を無理やり水田として守っていくようなことは必要ないと考える。

農地（田畑）面積自体が、いまも減少傾向にある。一九九九年には四九〇・五万ヘクタールだったものが、二〇二一年には四三四・九万ヘクタールにまで減少している。さらに減少は続き、二〇二五年には四二〇万ヘクタールになるとの予測もある。

なんらかの手を打たなければ農地が減り、水田も減っていく。食料を自給しなければならない事態になったとき、農地がなければ自給はできない。食料安全保障を考えるとき、農地の保持は絶対に必要な条件である。

豊かな食生活はそれぞれの人々の選択によって成り立つものではあるが、米の消費拡大にもう一度真剣に取り組むことは意義のあることであり、効果も期待で

図表⑩　農地面積の推移　　（単位：万ha）

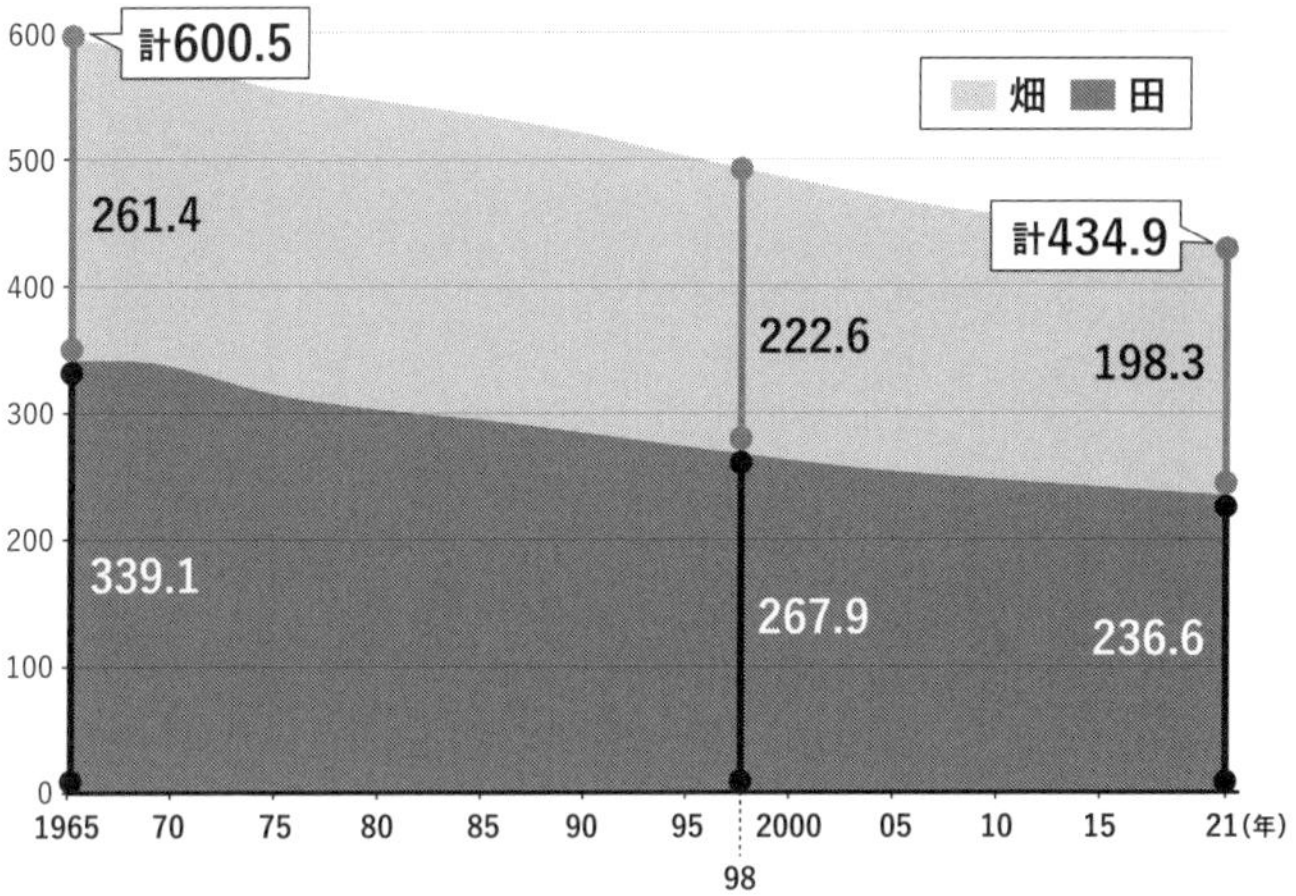

きるようになってきているのではないだろうか。農水省の推進している「ニッポンフードシフト」という取り組みなどを通じて、米の消費への理解が進むことを願っている。

また、「おコメ食べて笑おう」プロジェクトが一二の団体の共同発信により始まっている。じつは経済的である米を食べるときに、食料安全保障、生物多様性、国土保全、文化継承などにも思いを馳《は》せてもらうことはとても大切なことだと思う。

水田と米は日本の食料安全保障の柱であることを述べてきたが、それだけ

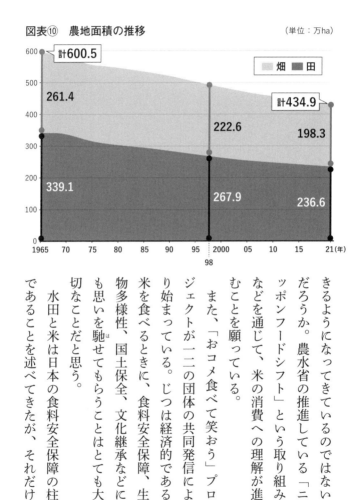

ではなく、洪水防止機能をはじめとするさまざまな機能を有している。生物多様性や地域文化を育み、観光資源としても有用である。このような日本の特質を上手に守っていくことが、今後ますます大切になっていくであろう。

第五章

食料安全保障を高め、地球環境を守り、地域経済を回すために

五―一　国産野菜へ切り替える外食チェーンと食品メーカー

前章では、水田に関する可能性を見てきたが、ここからは水田以外における取り組みについて述べていきたい。

日本の野菜の生産量は、一九八〇年代後半ぐらいから低下しはじめる。農業者の高齢化などによって労働力不足になったことが主な原因とされている。

農林水産省の「食料需給表」によれば、二〇一九年度の野菜の生産量は一一六六万トンで、ピークの一九八二年度の一六九九万トンからすれば三一パーセントの減少となっている。それによって不足する量を補ってきたのが、輸入である。

それも、加工・業務用の冷凍・乾燥野菜や缶詰などの加工食品を中心に増えている。スーパーやデパートで惣菜を買い求めたり、外食チェーンの利用が広がるなど、日本人のライフスタイルが変わってきたことも影響しているようだ。逆に言うと、食料品店、スーパーで消費者が買い、家庭で調理する野菜については、国産のものが多いということである。

近年では野菜の輸入量は年間三〇〇万トンほどで推移しており、一九六五年度には一〇〇パーセントだった野菜の自給率は、八〇パーセントほどになっている。輸入先としては、中国が多い。農畜産業振興機構の「野菜の輸入動向二〇二二年七月速報レポート」によれば、二〇二二年七月の野菜輸入量は二三万五一五トンであるが、そのうち中国が、一一万八四八三トンを占めている。半分近くが中国からの輸入で、次いで多いのが米国で、四万一一六四トンである。

外食産業は、中国からの野菜を多く使う状況が続いてきたと言える。しかし、これを国産に置き換えることはできないのであろうか。

長崎ちゃんぽん専門店の「リンガーハット」は、二〇〇九年一〇月から全店で使用野菜を一〇〇パーセント国産に切り替えることにした。農業者と連携し、安心な国産野菜を使うことで品質を高め、さらに美味しい商品を作っていこうという趣旨であった。

ほとんどの野菜について、国内の産地と連携し、国内産の利用を推進した。季節によって使えないことがあっては困る。産地のリレーをお願いしたり、きめ細かい対応で国産野菜だけでちゃんぽんを作ることを実現した。

ただ、どうしても国産で調達できないものがあった。それが、ちゃんぽんには欠かせない存在ともいえる「キクラゲ」である。

当時は国内で流通しているキクラゲのうち、国産が占める割合はわずか三パーセントでしかなかった。残りは、ほとんどが中国からの輸入であった。

少ない流通量の国産キクラゲを全店で使用するとなると、量の確保で苦労しなければならないし、コスト的にもまったく採算が合わなくなるのは目に見えていた。仕方ないので中国産キクラゲを使ったかといえば、そうではなかった。リンガーハットは、キクラゲを使わずほかの国産野菜を使用する決断をした。国産野菜一〇〇パーセントを守るために、〝キクラゲ抜き長崎ちゃんぽん〟を提供する道を選んだのだ。

しかし、現在でも〝キクラゲ抜き〟のままというわけではない。二〇一五年から、リンガーハットはキクラゲを使うようになっている。

といっても、中国産キクラゲではない。れっきとした国産キクラゲである。国産キクラゲを使うためにリンガーハットは、鳥取県をはじめ日本各地のキクラゲ産地と連携し、協力を得ることで、生産量を増やしてもらい、必要量を確保することに成功したのだ。

そして、キクラゲの入った国産野菜一〇〇パーセントの長崎ちゃんぽんを提供している。このように国産にこだわり国産の生産を促した例もある。

単純に国産と輸入を較べ、輸入のほうが量が確保できて安いから輸入せざるを得ないのだというのではなく、産地と相談し、産地側も使う側の要望に応じた生産を進めた例だ。こういうことができるということは、さまざまな品目、さまざまな産地でもっと広がる可能性があるということだと思う。

日本が輸入している野菜のなかで、一番多いのがタマネギである。二〇二一年度の輸入生鮮野菜は七一万トンだったが、そのうちタマネギが三三パーセントまでを占めている。ちなみに、次いでカボチャが一三パーセント、ニンジンが一一パーセントと続く。

そのタマネギも九〇パーセント以上を中国から輸入している。外食産業を中心に、この中国産タマネギが多く使われている。

その中国産タマネギが大きく落ち込み、日本がパニック寸前の状況に陥ったことがある。新型コロナウイルス感染症が世界的に広まりはじめた二〇二〇年のことだった。二〇二〇年二月第二週の農水省植物検疫統計では、中国産タマネギの輸入量が前月比で八九パーセントもの減となった。

このときは国産タマネギが豊作で、スーパーなどの店頭で不足するという状態にはならなかった。一般消費者は、中国産タマネギの輸入量が減ったことを肌身で感じることはなかったわけだ。

問題は、外食産業である。牛丼チェーン店など中国産タマネギを多く使用していたところは、中国からの輸入が減ったことの影響をもろに受けることになった。

それなら、中国産タマネギではなく国産タマネギを使えばいいではないか、と思われるかもしれない。しかし、そう単純にはいかない理由があった。

国産のタマネギはスーパーなどで直接消費者が買うのに向けた少し高級なもの

として生産され販売されていた。外食産業で使われている中国産タマネギは、皮がついたままの状態で納品されるわけではない。皮が剝《む》かれ、さらに使いやすいようにカットされた形で納入されているのだ。

消費者が直接手に取る国産タマネギは、そのような加工をして卸すシステムにはなっていない。薄い茶色の皮がついているほうがいいとされていた。中国産タマネギを国産タマネギに切り替えるとなると、新たに皮を剝いてカットする工程が必要になる。それは、外食産業にとっては大きな負担である。

タマネギの産地として有名な兵庫県淡路島では、中国産タマネギの輸入が落ち込むと、外食産業のニーズに合わせるために、手作業で皮を剝き、カットして出荷を始めた。ただし、手作業では非効率である。

そこで利用者側と産地が協力し、カットされた加工用タマネギを製造するシステムを導入した。輸入にばかり頼っていると、いざというときに困ることをメーカーも学んだ結果と言える。そして、何よりも国内産は安心ということもあった。

日本の野菜生産は、「高く売れる」ものばかりに目がいく傾向がある。それが悪いわけではないが、そこだけに集中しすぎると、加工用の安いものは輸入に頼らざるを得なくなってしまう。そして、いったん入ってこないとなるとタマネギのような事態を招くことになる。輸入に依存しすぎるために、安定と安心が保障されない状況につながってしまっているのが現実だ。

安定と安心を考えるならば、視野を広げることも大事なことだと思う。高く売れるものだけを作るのは、一見、採算もよくて、効率的に映るかもしれない。しかし農産物は自然のものなので、作る過程で二級品になってしまう可能性もある。そうしたものを加工品に回せるシステムがあれば、結局は、効率的なのではないだろうか。

さらに売れ筋の一級品と同時に加工用の作物として最初から生産するのも、多方面の需要に応えることになり、結果的には採算性につながるはずだ。

中国で新型コロナウイルス感染症でのロックダウン（都市封鎖）が続いた影響で、中国からのタマネギ輸入は二〇二二年になっても回復しなかった。おまけに天候不順で国産タマネギの供給も十分でなかったためにタマネギの高値が続いた。

九月以降は北海道の作柄が良好だったため、価格が落ち着きを見せている。

国内の産地が不作だったり、需要側の要望に対する対応が遅れたときに輸入品が増えるのは当然のことでもある。逆に、物流の問題で輸入品が入りにくくなったときは、国産品の利用を増やす好機である。

品質の良さでは勝負ができるのだ。それゆえ、加工用途などを含めたいろいろな需要に合わせた生産、出荷、加工体制をつくっていくことで野菜の国内生産を増加させ、食料安全保障の強化に役立てることが大切になってくるのではないだろうか。


スーパーなどで土が付いたままで売られているジャガイモは、植物防疫法の関係で輸入できないこともあり、すべて国産である。

しかし、加工品は輸入されるものも多い。

そのようななか、ポテトチップスの有名メーカーであるカルビー株式会社では、ポテトチップスの原料であるジャガイモは基本的に国産を使っている。同社が、米国産のジャガイモを輸入できないわけではない。輸入しようと思えば可能だし、そういう選択肢もあり得る。それでもあえて国産ジャガイモを使いつづけている。

このことが美味しいポテトチップスになっていると思うと日本人として嬉しいし、同社のポテトチップスが消費者の信頼を得ているのは、このようなことがあるからかもしれない。

そのカルビーも、輸入ジャガイモをまったく使用していないわけではない。一部については、米国産ジャガイモを使っている。

八月から一〇月までに収穫された北海道産のジャガイモは、翌年の五月ごろまで貯蔵しつつ使用する。九州産などを使用する五月から北海道産を掘りはじめる八月末ごろまでを端境期《はざかいき》と認識して、毎年のジャガイモの品質や貯蔵管理の具合などから発生するリスクをヘッジするために輸入ジャガイモを一部で使用している。

端境期における心配を産地側がなくす努力を行い、企業側が国産を潤沢に調達できるようになれば、輸入ジャガイモを使う必要は減っていくのではないか。国内の産地が需要側の要望に応えていこうという努力がなされることが国産の利用を増やしていくと考えられる。

カルビーのポテトチップスが国産のジャガイモを使っているのに対して、ポテトスナックやポテトサラダ用の冷凍品として使われるものについては圧倒的に輸入品が多い。

これらについても、企業と生産者団体が連携して国産ジャガイモに置き換えていく取り組みが始まっている。さらにはジャガイモ、ジャガイモ加工品を海外に輸出する取り組みも始まっている。

日本のジャガイモの高品質なところを活かしつつ、加工用途向けにも使ってもらうような努力を進めることで、ジャガイモについても国内生産を増やし、食料安全保障の強化に役立てることができると思う。

タマネギ、ジャガイモだけでなく、加工用として輸入されているいくつかの野菜は国産で賄える可能性があると思う。

輸入品が増えたのには理由があり、輸入先国も努力をしている。日本で生産ができないものは輸入に委ねざるを得ないが、輸入から国産に転換できるものも多くある。

需要者側も国内生産されたものの使用ができるかどうかについての検討をしていただきたいものだ。需要者側が参加する産地ツアーが行われると、いろいろな出会いがあり、新たな連携が生まれることがよくあるとのことである。

生産者側もそれらの要望をどこまで活かせるか、努力を進める余地はあり、現実にそのような取り組みが進みつつあることは素晴らしいと思う。消費者に近いところで生産されることで、消費者の安心も増すのではないか。

五－二　出生率が二・〇を超える野菜産地

ちょっと話は逸《そ》れるかもしれないが、国内の主なジャガイモの産地は北海道と長崎県である。大規模農業でジャガイモを育てている北海道と、小規模農業でジャガイモを育てている長崎県という極端に規模が違うところが共存しているわけだ。

長崎県のジャガイモ生産は、ひとつの農家で二ヘクタールぐらいの畑、人を雇ってやや規模を大きくしてやっているところでも四ヘクタールの畑である。北海道の平均が二〇ヘクタールであるから、五分の一から一〇分の一の規模でしかない。それでも、一〇〇〇万円近い年収をあげている農家が少なくない。工夫の仕方で高収益の農業が実現できる例である。

同様なことは、ほかの野菜栽培においても実現している例がたくさんある。長崎県島原市では、ジャガイモに加えて白菜、キャベツ、レタス、人参、大根、ブロッコリーなどを栽培する若手農家が増えてきている。

ここでは、一五歳から四九歳までのひとりの女性が生涯何人の子供を産むかを表す指標である「合計特殊出生率」が二〇一六年に初めて二・〇を超えて、二・〇七となっている。

二・〇の意味は大きい。ひと組の夫婦がもうける子供がふたり未満なら人口減少につながるが、ふたり以上になると増加の方向となるからだ。

人口減少が顕著になってきている日本全体の合計特殊出生率が一・三〇でしか

ないことを考えれば、驚くべきことである。そこには、元気で豊かな野菜農家の存在が大きく影響している。若手農家が多い地域では、子供三人以上の家庭が多く、たしかに子供を産み育てる環境が整っていると言える。

収益のあがる農業が実践されることは、生活環境の良さや地域とのつながりの良さも相まって、豊かな生活が送れるとともに子育て環境も改善し、出生率が高くなるという実例だと思う。

その地域のすべての人が農家でないことを考えると、農家でない人たちの出生率も低くはないはずで、このような農業地帯は周りの人々に対する良好な子育て環境も提供していると言える。

健全な農業が営まれるということは、結果として地域全体の少子化問題への解決につながっているということではないだろうか。

最近、少子化問題についての議論が盛んにされている。現金給付など直接的な支援も重要だが、全国の合計特殊出生率の高い地域の特徴を観察し、そのような環境をもつ地域を増やしていくという観点が必要だと思う。

健全な農業が存在していることが肝要であり、そういう地域を増やしていくための施策が重要だということだ。

五―三　菜の花畑復活への期待

食生活の変化で、日本人は米を食べなくなった。そのため米は足りている状況である。

しかし、かつて日本人があまり食べなかったものが食べられるようになり、足りない状況になっている。肉がそうだし、海外からの果実もそうだ。そして、なんといっても不足しているのは食用の油脂である。

農水省が公表している「食料需給表」（二〇二一年度）によれば、二〇二〇年度の油脂類の自給率は一三パーセントである。一九六五年度も三一パーセントと高くはなかったが、それに比べても急激に低下しているわけだ。

植物性の油は、大豆と菜種が主な原料である。二〇二〇年度の大豆の自給率は六パーセントでしかない。農水省の「大豆をめぐる事情」（二〇二二年二月）では、〈国産大豆を減らす予定の事業者は、その主な理由として、「価格が高い」、「価格が不安定」、「安定して入手ができない」をあげている。〉と述べている。「事業者」とは大豆を加工して販売しているところだ。

大豆は天候などの影響を受けやすい作物のため、収量が安定しない。そのリスクを避けるため、農家としても主力作物としては取り組みにくい。

事業者にしても、不安定な国産大豆を前提に商品を製造していると、天候不順で国産大豆が不作となった場合、調達にも苦労するし、コストも跳ね上がる可能性がある。そうしたリスクと背中合わせの国産大豆を使うより、安価で安定的な供給が見込める輸入大豆に頼ったほうが事業としては安定する。その結果が、ひと桁台の自給率となっているわけだ。

ただし、国産大豆の需要が期待できないわけではない。大豆は、豆腐、醤油、納豆、味噌など日本食には欠かせない食品の原料である。食の欧米化が進んでいるとはいえ、まだまだ日本食への需要は高く、そうしたところでの大豆の需要は増えている。

そして、安全・安心への意識が高まるなかで、国産大豆を使用した商品の需要も高まっている。スーパーなどで、国産大豆使用をうたった納豆が多く並べられているのは、その表れでもある。

以前は、大豆は畔《あぜ》を利用しても作られてきた。少しの工夫で国産大豆を増やすことができるのではないか。

難しいのは菜種である。童謡「おぼろ月夜」にも歌われているように、菜の花畑は、かつての日本では初春を知らせる風物詩でもあった。しかし反収（一反〔約一〇〇アール〕当たりの収量）の低い作物でもある。広い畑に大量にタネを撒いて効率的に刈り取らないと、採算が合わない。広い農地をもつ国なら可能だが、日本のような土地の狭い国では、なかなか採算に合う栽培は難しい。そうした事情で、最近ではあまり栽培されなくなっている。

しかし先述したように、菜の花畑は日本の春を告げる風物詩でもあった。その景観を取り戻す意味でも、菜の花畑の復活に向けた取り組みが始まっている。

需要の面でも、少しではあるが変化が起きている。一九七〇年代中ごろに琵琶湖の水質悪化が問題になり、家庭からの生活雑排水が原因のひとつとされた。それを受けて、合成洗剤に代えて「せっけん」を使う消費者運動が始まった。そのせっけんを、家庭から出る廃食用油を原料にして作ろうというところから運動は広まり、廃食用油の回収が始まった。

それが発展したのが、藤井絢子さんが代表を務めておられる「菜の花プロジェクトネットワーク」だ。藤井さんが参考にされたのは、ドイツで展開している「菜種油プログラム」という運動だそうである。これは二酸化炭素の排出を抑えるべく、化石燃料の代替燃料として菜種油を活用しようというもので、菜種の作付面積を増やし、菜種油から精製した燃料の普及に貢献しているという。

藤井さんは日本国内で同様の活動を推進する地域を応援している。即ち、菜の花を植えて菜種を収穫し、搾油して菜種油にする。それを家庭や学校給食で使ってもらい、搾油時に出た油粕は肥料や飼料として使用する。廃食用油は回収して、せっけんや軽油代替燃料にする。そういった循環を展開している地域だ。

日本において、広大な農地で菜種栽培をすることは困難な点が多く、油脂類の自給率を格段に押し上げる効果は期待できない。しかし、「菜の花プロジェクト」は安全・安心と自給についての意識を高め、食品リサイクルの実践を広める効果が大きい。

筆者はこの運動に関して年に一回開催される全国大会である「菜の花サミット」に、第三回以降ほとんど参加させてもらっている。日本全国の各地において持ち回りで開催されるこの大会では、地域の環境を守り、活性化を図る取り組みをしている人々が集まり、その活動について紹介され、地域の高校生なども自らの地域のこととして参加するとてもいい大会である。

地域の取り組みは、バイオディーゼルを作ることだけでなく、菜種を栽培し、搾った油をエクストラバージンオイルとして商品化することをはじめ、地域の特産品を作ったり、教育に活かすことなどさまざまである。

年一回お会いする方々も多く、その一年の活動状況を伺い、懇談することはとても楽しいものである。

廃食用油については、残念な思い出もある。廃食用油の回収が進み、バイオディーゼルの生産が増加していくなかで、粗悪な油を排除しつつ利用を推進するための団体を設立し、そこでのバイオディーゼルの基準づくりを応援したことがあった。バイオディーゼルの燃料利用を推進しようとしたのである。

しかし、国内でバイオディーゼルを軽油代替の燃料として使うことについては、品質面などで問題があるとされ、軽油に混ぜるとしても厳しい基準で、ごく少量しか混ぜられないようになってしまった。

使用可能量の制限は段階的であってもいいし、使う車種に制限があってもいいが、カーボンニュートラルであるバイオマス燃料を使っていこうという方向での配慮ができれば、もう少し違う展開になったのではないかと思う。

集められた廃食用油は、飼料として活用されたりするほか、外国に輸出されるようになった。そして、外国において航空用燃料に加工されている。

飛行機を飛ばすに当たって、その燃料もカーボンニュートラルなものにしようということで、廃食用油を加工して作る航空用燃料は引っ張りだこになってきたのだ。日本においても、二〇三〇年度に向けて航空燃料の一〇パーセント以上をバイオマス燃料などの持続可能な航空燃料（ＳＡＦ[15]）にしようという動きになっている。それほど多い量ではないとはいえ、日本国内で生産できるものである。うまく活用していただけたらと思う。

なお、最近、急にバイオディーゼルに注目が集まり、廃食用油を使おうという動きが出てきているが、これまでせっかく地域ごとにさまざまな取り組みが進んできたものを尊重したいものだ。そのうえで、そういう取り組みを盛り上げつつ、環境にやさしい燃料をつくっていくという観点が重要である。地域の取り組みを無視して廃食用油を買い漁ってカネ儲《もう》けに走るようなことになってはならない。

五–四　日本ブランド果物の輸出戦略

果物の自給率は継続して低下していたが、最近は横ばいで推移している。

かつて、日本では、ミカンとリンゴが生産と消費の中心であった。そこに、さ

15 Sustainable Aviation Fuel

まざまな果物が輸入されるようになり、それを日本の消費者も喜んで受け入れてきた。

フィリピンが主な輸入先であるバナナは年間一〇〇万トンも輸入され、日本人には馴染みの果物になっている。オレンジやグレープフルーツ、パイナップルも、スーパーで買うことのできる輸入果物だ。こうした生鮮果物のほかに、オレンジ果汁やリンゴ果汁などの加工品も輸入されている。割合から言えば、生鮮果物より加工品のほうが多い。

かつては「嗜好品」だった果物も、高度経済成長を経て生活が豊かになっていくなかで消費量は増え、日常品になってきた。その傾向は、ますます強まっている。

その果物の自給率を上げていければ、日本人の豊かな食生活を維持しつつ、食料安全保障の強化につながる。

マンゴーやキウイフルーツが国内でも生産されるようになってきたが、このほかの果物も国内生産のチャレンジが進んでいる。たとえばバナナも、品種や栽培法を工夫すること、地熱や発電施設の熱源を利用することなどで栽培する取り組みが始まっている。

しかし、すべての輸入果物を国産に置き換えることはなかなか難しい。そういう状況で、日本で作られる美味しい果物を輸出するという動きは、とても意義のあることだと思う。

筆者が農水省から首相官邸に出向していた二〇〇二年、小泉純一郎内閣のときだった。食事を一緒にした際に「日本の野菜とか果物とか、美味しいと思うけど、なぜ輸出が伸びないのか」と小泉総理から質問された。それに筆者は、「日本のものは海外に較べて高いので売れない」と答えた。対して総理は、「そんなことはない。高いからこそ売れるはずだ」と続けた。それから、いろいろやりとりがあって、輸出に取り組むプロジェクトを始めよう、ということになった。

小泉総理は、ブランド品が売れるように高くても買う人が価値を感じるようなものを輸出すればきっと売れるはずだ、日本の農産物はそういうものだ、という考えだった。

筆者もそのとおりだと思ったが、そのとき「日本の消費者は、国の政策が間違っているから高い国産農産物を食べさせられている。外国産の農産物輸入を完全に自由化して安い農産物を食べられるようにすべきだ。農産物も世界のなかの適地適産でいいのだ。日本で農業するのは間違いだ」という、よく言われていた説について思いを馳《は》せた。

この説には、いくつか考えさせられることがある。

まず、農産物の価値についてだ。ある品目があればその価値は同じで値段も同じでいいという考え方が前提になっていて、それは間違っているということ。

次に、農産物は日本で作らなくてもいいという主張だ。これは食料安全保障は不要という考え方が前提になっていて、それも間違っているということ。

ちなみに、食料安全保障を否定していながら、経済安全保障は大切だという考えがあるようだが、支離滅裂だと思う。

また一方で貿易を制限し、鎖国のようにして国内の農業をひたすら守ろうという考えもあるが、これは日本の農産物の価値をわかっていないということだと思う。

日本の農産物の価値を自ら認識し、世界の人々に味わっていただき、日本の経済にプラスになり、食料安全保障の強化につながる。このような農産物輸出の推進は大切ではないだろうか。

官邸としては、当時三〇〇〇億円ほどだった日本の農産物輸出を二倍の六〇〇〇億円にする計画をつくろうと農水省に相談したのだが、農水省は極めて否定的だった。

当時は経済連携協定（ＥＰＡ[16]）交渉のまっただなかで、日本の農産物を輸出するために相手国に関税の引き下げを求めれば、日本の関税引き下げも求められるというのが農水省の反対理由だった。日本の関税を引き下げて喜ぶ農家はないから、下げないようにするのが農水省の役割だというわけだ。いろいろやりとりをしたけれども、農水省の考えはなかなか変わらなかった。

16　Economic Partnership Agreement

そこで、農産物輸出の重要性について『自由民主』という自民党機関紙の二〇〇三年の正月号に座談会を掲載することとなった。小泉総理と輸出しているリンゴ農家、長芋農家、そして農産物輸出を手掛けている商社の対談を行い、リンゴは日本では喜ばれない小ぶりなものが人気があるとか、台湾では大きな長芋が喜ばれるので日本では規格外になることもある大きな長芋は需要があるはずだ、といった内容だった。もちろん、総理も輸出に大いに乗り気な発言をした。官邸で行われた「ぶら下がり会見」においても、総理のほうから輸出に頑張っている農家の話を紹介したぐらいだ。

それが刺激になって、農水省も動かざるを得なくなったと考えられる。

二〇〇五年三月二二日の「食料・農業・農村政策推進本部」で決定された「二一世紀新農政の推進について~攻めの農政への転換~」には、二〇〇四年度で三〇〇〇億円だった農林水産物・食品の輸出を五年後の二〇一〇年度には六〇〇〇億円に倍増させるという目標も盛り込まれることになったのだ。

同時期に、都道府県のほうでも農産物の輸出を増やしていこうという機運が盛り上がりつつあった。農水省から小林大樹氏が出向していた鳥取県が中心となって、協議会をつくろうという動きが進みつつあった。

二〇〇五年四月、経済界、農業界、地方自治体など多くの関係者が集って「農産物輸出促進協議会」が開催された。このような会に総理が出席するのは異例であったが、小泉総理は出席し、関係者を勇気づけた。

その後二〇一四年六月、第二次安倍晋三内閣では、二〇一三年に閣議決定された「日本再興戦略—JAPAN is BACK—」を改定し、二〇二〇年までに農林水産物・食品の輸出額一兆円の達成が目標として掲げられた。

その結果、二〇二一年の農林水産物・食品の輸出額は、一兆二三八二億円となっている。二〇二〇年比でも二五・六パーセントの増加だ。二〇二三年二月に発表された二〇二二年の輸出額は一兆四一四八億円を記録し、過去最高となっている。

総合ディスカウントストア「ドン・キホーテ」の創業者である安田隆夫氏は、

図表⑪　農林水産物・食品の輸出額推移　（単位：億円）

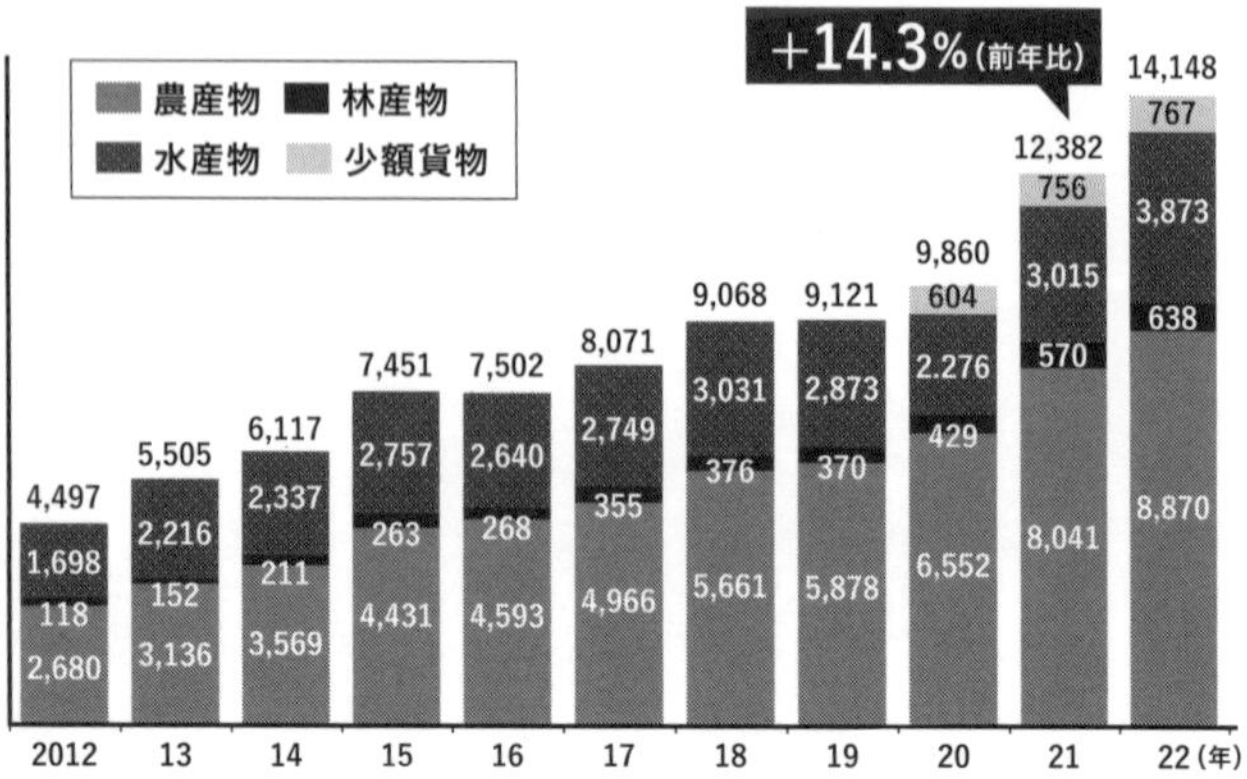

シンガポールのあるスーパーで焼き芋が売られているのを見つけた。その値段が日本円にして一本八〇〇円で、「これは高い」と思ったそうだ。

安田氏は二〇一七年にシンガポールに日本産農産物を中心とするスーパー（DON DON・DONKI）を出店すると同時に、焼き芋を約二九〇円で売りはじめる。日本のスーパーでもお馴染みの焼き芋製造機を並べ、三〇分ごとに焼きたてを提供するシステムにした。

これが、一日で四〇万円も売れる大ヒットになっている。コンビニ一店舗の一日の平均売り上げが五〇万〜七〇万円と言われているので、焼き芋だけでコンビニ一店舗に匹敵するぐらいの売り上げを達成していることになる。

そのドン・キホーテがタイの首都バンコクにも進出することになり、そこでも焼き芋を売ろうとしていた。そこで筆者は安田氏に、「シンガポールは八〇〇円で売っていたところがあったので二九〇円はインパクトがあってヒットしたが、そういうメルクマールがバンコクにはないので難しいかも」と言ったことがある。それでも安田氏はバンコクで焼き芋を売り出して、これも大ヒットする。

しかも、いまや焼き芋はバンコクの名物にまでなっている。材料となるサツマイモは日本から輸出したもので、焼き芋のヒットで二〇一六年から五年で、サツマイモの輸出額は五倍にもなっている。

焼き芋の例から見ても、まだまだ日本産農作物が海外に受け入れられる余地はいたるところにある。DON DON・DONKIのバンコク店では、日本産のイチゴも売りはじめたら、一日三〇〇万円の売り上げがあったという。

香港にも進出した店があるが、ほかのスーパーと異なり基本的には日本産のものしか売っていないという。香港ではカンボジア産とかベトナム産など安いものがいくらでも手に入るが、それらと日本産の両方を売る店ではなく、日本産しか扱わない店として繁盛している。

日本産しか扱わないというので、安全で安心なものしか扱わない、高級スーパーとして定着しているのだと思う。

日本産農産物の輸出が増えているのは、流通技術の発達が貢献していることも大きい。氷温貯蔵で運ぶなど、その技術は目まぐるしく進歩している。そのおかげで、野菜や果物を新鮮なまま、海外で売ることができるのだ。

そして、何よりも農業技術の進歩がある。ただ新鮮なだけでは売れない。売れるためには売れるだけの品質がともなっている必要がある。それを日本の農業は、着実に実現している。だから、輸出できているのだ。

こうした例からも、日本産農作物が高値でも海外で受け入れられる余地がまだまだあることがわかる。販路を開拓し、さらに多くの高品質の作物を栽培していけば、日本産農作物の輸出は伸びるはずである。それが日本国内の農業振興にもなるし、自給率向上にもつながる。こういうことが食料安全保障を強化することになる。

五―五　これからの品種改良は多収性と機能性がカギ

米を農業の中心としてきた日本では、その品種開発も熱心に取り組まれてきた。その成果によって、たとえば北海道のような寒いところでも米が作れるようになった。

明治維新後に北海道の開拓が始まったが、最初は北海道で稲作は無理だと思われていた。米はもともと暖かいところの作物だったからだ。

それでも稲作をあきらめることなく挑戦は続けられたが、なかなか成功しなかった。しかし農業の研究機関である農業試験場で品種改良や栽培方法の研究が進んだことで、北海道でも稲作が可能となり、現在では北海道は重要な米の産地となっている。このことは先にも触れた。

同じような努力が日本全国で行われており、それが日本の農業を支えてきた。

近年、国際的にも日本産米の品質が高い評価を受けているのも、長年にわたる研究開発の成果である。

ただ最近の研究開発は、「美味しさ」に偏りすぎてきたのではないかというのが筆者の思いである。需要が伸びない日本国内での厳しい競争に打ち勝っていくためには、より美味しい米で勝負しようという考え方もわかる。

ただ、美味しさにばかり偏っていると、いざ、量が必要となったときに対応できないことも考えられる。そうならないためには、美味しさと並行して、より多くの収量を得られる品種の開発も必要だと思う。

なお、「美味しさ」だけでなく、「健康効果」に着目した品種改良も重要である。鉄分を強化した米は、それを日常的に食べることで鉄欠乏性貧血の改善に役立つし、有用なタンパク質を多く含む米は、さまざまな健康上のメリットがわかってきている。タンパク質の含有量が多くなると、「雑味が増す」とされてきたが、美味しさとある程度両立させながら健康効果を増す努力も重要であると思う。

米国の農業は、広い土地を耕作することで、単収（一定面積当たりの収穫量）

は低くとも、多くの収穫を得られる大規模農業が基本だといわれていた。

これに対し、技術集約を進め、狭い耕作地でも単収を高くしてできるだけ多くの収穫を上げる方向の日本農業は米国とは対極的な農業であるという認識を日本人はもってきたはずだ。

しかし現在の米国農業は、大規模に頼るだけでなく、収穫量を増やすための品種改良も進められている。生産量を増やし、輸出によって米国の農業が利益を得られている背景には、そういう努力が行われていることもある。

味を良くすることで商品価値を高めている日本の米も、さらに収穫量に注目することで、より対象国を広くした輸出を視野に入れることができるようになるはずだ。

輸出先を広げることは、生産力の安定的な確保にもつながり、日本の農家と農地を守り、いざというときには国民の食を守ることにもなる。そういう視点を、研究開発においても忘れないことが重要だと思う。

五-六　国産小麦は品種改良と二毛作で

人間が生活する際のカロリーの多くは穀物によって得られる。世界の穀物生産は、灌漑《かんがい》排水の進展、肥料、農薬、栽培技術の改良に加えて、品種改良の進展によって増大してきた。

穀物（米、小麦、トウモロコシ）の品種改良において、とくに米の品種改良に日本の果たした役割は大きい。稲の全遺伝子配列を解明するという「イネゲノムプロジェクト」では、国際的な研究チームで研究が進められたが、日本の貢献度は全体の半分以上であった。

この研究成果は、現在の品種の特徴、新しい品種の特徴を調べるために極めて重要である。

これに加えて、小麦についても日本は大きな貢献をしている。世界中のほとんどの小麦は、じつは日本の小麦の子孫なのだ。

稲塚権次郎《いなづかごんじろう》という研究者がいた。彼は、岩手県農事試験場の研究者だった一九三五年に、「小麦農林一〇号」という小麦の新種を完成させた。

麦や稲の弱点は、草丈が長いと風雨や台風で倒れる被害を受けやすいところだ。しかし小麦農林一〇号は、日本在来品種の「白達磨《しろだるま》」に由来する、背が低くなる「単稈性《たんかんせい》」の遺伝子をもち、十分な養分を与えられても背丈が高くなりすぎない。そのため風雨に強く、多収になる利点をもっている。

稲塚権次郎は、この小麦農林一〇号を全国の農家に普及しようとしていたが、戦況が厳しくなっていくなかで、なかなかうまくいかなかった。そして終戦となり、進駐してきたＧＨＱ（連合国軍最高司令官総司令部）は、日本から優れた科学技術を持ち帰るために、いろいろ調べているなかで、小麦農林一〇号にも目をつけて米国に持ち帰った。

そのときに、ＧＨＱの人々が言ったとされている言葉が、「なんて素晴らしい小麦なんだ！　日本人のように粘り強く、働き者で、背が低い！」だったと聞いたことがあるが、実際はどうだったかはわからない。

その小麦農林一〇号を少し改良して世界に広げていったのが、米国の農学者のノーマン・ボーローグ博士である。

もともと米国やヨーロッパの小麦は背丈が高く、一・二メートルぐらいあった。日本ではザ・ドリフターズが歌って流行った「誰かさんと誰かさん」という歌があるが、もとはスコットランド民謡「ライ麦畑で出会ったら（ライ麦畑を通って）」である。ザ・ドリフターズの歌詞には、〈誰かさんと誰かさんが麦畑　チュッチュチュッチュしている　いいじゃないか〉とある。原曲も似たような歌詞で、麦畑で隠れてキスしているというものだ。そこから、昔のヨーロッパの小麦は隠れられるほどに背丈が高かったということがわかる。背丈が高いと風雨に弱く、また収量が低い。

ボーローグ博士は、小麦農林一〇号から作った背丈の低い小麦を世界に普及させることで、世界の小麦の収穫量を飛躍的に伸ばしたのである。現在では、世界中の小麦の背丈は大人の腰ぐらいである。

このことは、「緑の革命」とも呼ばれ、世界の食料不足の改善に尽くした功績が認められ、ボーローグ博士は一九七〇年にノーベル平和賞を受賞している。その功績の基になっているのが、小麦農林一〇号なのだ。

そのことに、ボーローグ博士は感謝の念を忘れなかった。稲塚権次郎は岩手県農事試験場を辞したあと、故郷の富山県に戻って農業指導をやっていたが、一九八八年に亡くなる。その一年半後に富山県で偲《しの》ぶ会が催されたのだが、そこにボーローグ博士が米国から来日して出席し、「世界の人々が飢餓から救われているのは、稲塚権次郎さんの小麦農林一〇号のおかげである」とスピーチしている。

この小麦農林一〇号が示すように、日本には優れた技術を生みだす力がある。今後も、このような研究成果をどんどん世の中に出していくようにしていくことが大切だと思う。

「日本の小麦はうどんにしか向かない」と言われたことがあるが、それも改善しつつある。

過去の食生活を前提とした過去の品種改良から、いまの食生活を踏まえた品種改良が進めば、さまざまな用途の品種開発が可能であると考えられる。

実際、国産小麦の品種改良とさまざまな食品への活用は、ここ二〇年ほどで積極的に行われてきてもいる。たとえば先に国産キクラゲの件で触れた「リンガーハット」の麺には、完全に国産小麦が使用されている。ちゃんぽん用の麺も、改良によって国産が使えることを証明している。パンでも、敷島製パン株式会社の「パスコ」に代表されるように、国産小麦が積極的に使われるようになっている。「うどんにしか向かない」という、かつての常識は覆されつつあるわけだ。

また、実際に国立研究開発法人 国際農林水産業研究センター（JIRCAS[17]）は、二〇二一年に窒素肥料を六割減らしても通常の小麦と同じ生産性を維持する小麦新品種の開発に成功している。

また、今後の小麦栽培で重要なことのひとつは二毛作を広げることではないかと思う。一年に米だけでなく麦も生産するということは、その分国内の農地からのカロリー生産を増やすということである。

秋に植えて、麦秋といわれる六月ごろに刈るのが日本における小麦栽培の基本である。その六月は雨が降りやすい。雨に濡れると収穫は困難になり品質も劣化してしまう。これを栽培法とともにいい品種を開発することで解決することはとても重要なことである。

一部の積極的な農家を中心に、二毛作に取り組む動きが出はじめている。小麦の自給率は、この二〇年間を見ると九パーセントから一七パーセントまで改善してきている。

努力と工夫しだいで、輸入に大きく依存してしまっている日本の小麦供給は変えていくことができるはずである。

五-七　みどりの食料システム戦略

先に述べたとおり、現代は食料の安定供給・農林水産業の持続的発展と地球環境の両立が必要な時代である。農業生産に起因する環境負荷の低減を図り、豊かな地球環境を維持することは、農業生産活動の持続的な展開をしていくためにも

17 Japan International Research Center for Agricultural Sciences

不可欠である。

このような観点から農水省では「みどりの食料システム戦略」を策定し、その実施のために「環境と調和のとれた食料システムの確立のための環境負荷低減事業活動の促進等に関する法律（みどりの食料システム法）」を制定した。

食料安全保障の強化という観点からすれば、国内の食料・農林水産業の生産力向上が最も重要である。これに持続性を両立させるためのキーワードがイノベーションである。

農業生産に関する調達、生産、加工・流通、消費のサプライチェーン全体にわたって、イノベーションにより、労力軽減・生産力向上、地域資源の最大活用、脱炭素化（温暖化防止）、化学農薬・化学肥料の軽減、生物多様性の保全・再生といったこれからの社会に必要なものを追求していくことになる。

二〇四〇年までに順次開発していく革新的な技術についての目標、それから二〇五〇年までにそれらを社会に実装していく目標を、具体的に定めていることが画期的であり、政府が今後の方針を明確に示したものとして農業者、関連企業にとってとても参考になるものだと考えられる。

内容は多方面にわたるが筆者が注目するのは、次の点である。

まずは、化学農薬のみに依存しない総合的な病害虫管理体系の確立・普及を図り、二〇五〇年までに化学農薬使用量（リスク換算）を五〇パーセント低減しようとすることである。

また、輸入原料や化石燃料を原料とした化学肥料の使用量を三〇パーセント低減し、国際的に行われている有機農業について、その取り組み面積を二五パーセント（一〇〇万ヘクタール）に拡大することを目指すことである。

さらに、農林水産業からの二酸化炭素排出を実質ゼロにすることも目指すこととしている。

日本においては、農林水産分野が排出する二酸化炭素は日本全体の排出量のなかではわずかなものである。しかしながら、世界レベルで見ると農林水産業に起因して発生する二酸化炭素は全排出量の四分の一程度と言われており、この削減が極めて重要である。

日本国内で開発された技術は、日本の二酸化炭素排出削減に役立つだけでなく、途上国を中心として海外の二酸化炭素排出削減に貢献することが期待される。

筆者は、この戦略の検討過程で農水省を退官したが、後任の枝元真徹事務次官を中心として検討が進められ、筆者が意図していたものよりもしっかりしたものとなったと感じている。

それは、たとえば化学農薬や化学肥料の使用の削減について、明確な数値目標を定めていることに表れている。

すべての農薬は一定の試験を経て安全の基準がつくられている。定められた用法・用量で使えば、作物には問題がないように安全率もかけて基準づくりをしているのである。肥料についても基準をつくり、使用されている。

化学農薬と化学肥料の使用によって、農作物の生産については収穫量を安定させるとともに増大させてきたという経験がある。さらに、これらのシステムは農業関連産業として雇用を生み、地域の経済を回すことにも貢献してきた。

しかし、化学農薬はその使用する量を減らしたほうがより安心であり、自然環境などを含めた全体的なプラス要素が期待できる。それなら減らしていこうという考え方に転換されたわけである。さらにその方向を抽象的に示すだけでなく数値目標も示したことはとても大きい。

利害関係者の当面の利害の違いを超えて、将来的な方向について国としての方針が定められたことは極めて大きなことであると考える。

有機農業の面積について、具体的な数値が示されたことも素晴らしいことであると思う。現在の有機農業の面積は少ないし、頑張って実践されている方の苦労もまだまだ多い状況であるが、そのような方々が進めようとしていることを国としても推進していくという姿勢を示したことになる。

有機農業の進展には使う側の動きも重要である。

たとえば、大阪府泉大津市では小中学校及び就学前施設の給食に有機米等を使用する取り組みを始めた。使用する予定量を市が一括して事前購入することによって産地との結びつきも強めるとともに、東洋ライス株式会社の精米技術である

「金芽米」に加工し、通常の精白米より栄養価の高い米とすることにも取り組んでいる。

化粧品の原料についても、株式会社アルビオンのように、国内で有機ＪＡＳ認証をとったものを使おうという動きが進んでいる。

今後の課題としては、示された姿への到達に向けたビジネスが、円滑に動いていくように国としても目配りをすることになるのだろう。

五―八　進む、肥料の国産化

先に述べたとおり、化学肥料の多くは海外からの輸入に頼っている。これらの輸入対策については、農産物そのものの輸入対策と同様に輸出国との関係強化や、輸入先の多様化などが重要であるが、そもそも国内で生産することも重要な課題である。

窒素は、空気中に八〇パーセントも含まれている。これを取り出すのは、どこの国でも可能なことである。外国で安価に製造できたものを輸入するという選択肢のほかに、国内でできるだけ安く生産して供給するという取り組みも重要である。

窒素についてはもうひとつの課題がある。

これまでと同じように大量の窒素を田畑に供給する必要があるのかということである。

肥料を多く投入することで生産を向上させてきたという面はあるが、田畑の土壌が肥料過多、窒素過多の状態になっている地域も多くある。土壌の状況を分析しつつ、必要な肥料のみを投入することが必要とされるようになってきている。

リン酸やカリを国内で製造する取り組みも始まっている。

家畜の糞尿《ふんにょう》や下水には多くのリン酸が含まれている。下水の汚泥や家畜の糞尿からリン酸を取り出す技術は以前からあるが、最近その効率・コストについて成果が見えだしている。

肥料については、そもそも化学肥料ではない有機肥料の使用を増やすべき時代になっていることも重要である。

先に述べたみどりの食料システム戦略で示された目標では、輸入原料や化石燃料を原料とした化学肥料の使用量を三〇パーセント低減すること、有機肥料を使って農業をする農地を一〇〇万ヘクタールにすることが掲げられている。

これらの目標を達成するために重要だと考えられるのが、畜産糞尿の活用である。

典型的なものは酪農において牛の糞尿をメタン発酵させ、そこで発生するガスを使って発電するバイオマス発電である。その電力を売れば、収入になる。

その際に生じる「消化液」にはリン酸とかカリなど肥料成分が豊富に含まれている。これを近隣の農地に撒けば肥料成分豊かな有機肥料として活用できる。

消化液はそのままだと薄くて活用するには大量の消化液が必要となる。そのため、運搬には不向きである。これを濃縮できれば、液体肥料として運ぶのにもコストがかからないものとなる。

国内で有機肥料が必要な地域と酪農地帯などで有機肥料が生産できる地域はすべて重なっているわけではない。国内で円滑に利用できるようにすることは、海外からの長い輸送距離を短くするということにもなる。濃縮の過程で成分を整えることも可能だし、有機肥料がこれまでの化学肥料のように扱いやすいものとして全国で使えるようになれば、有機農業もやりやすくなると考えられる。

濃縮についての技術は昔からあるが、エネルギーをできるだけかけないで安価に濃縮できることが重要であり、これは難しいことだとされてきた。その点最近、北海道真庭市などで実用化に向けた取り組みが始まっていることはとても意義のあることだと思う。北海道では、牛の糞尿を使ってメタン発酵を行う施設がすでに一〇〇ヶ所ぐらい稼働している。原料（糞尿）的にはさらに増やす余地があるが、なかなかうまく増えなかった現実がある。

これまで、メタン発酵をして出てきたメタンを使って発電するというのが通常の方法であった。発電した電気は、地球温暖化を進めない再生可能エネルギーであり、固定価格買い取り制度で高価に買い取ってもらえるという事業モデルで進んできた。

しかしながら、北海道においては、発電した電気を使うためにつなぐ電線に容量がなく、つなげないという問題があるのだ。電力会社に対して、つながせてもらえるよう交渉することも重要であるが、発生したメタンガスをガスのままで活用することもひとつの方法であると思う。

酪農だけではない。宮崎県は養鶏が盛んなことで有名だが、その養鶏場から出る鶏糞を使ったバイオマス発電に取り組んでいるのが南国殖産株式会社だ。じつは発電に使ったあとの灰にもリン酸やカリが多く含まれている。これを肥料用にうまく活用できるようになれば、有機農業が進展するとともに、肥料の自給率も高まることになる。

五─九　農業と再生可能エネルギー

農業生産にはエネルギーが不可欠だが、石油が輸入できなくなれば農業ができなくなるという主張がある。これに対しては、生産要素間の代替――草刈りを除草剤でやるか人手でやるか、石油由来の化学肥料を使うか堆肥を使うかなど――を考慮し、石油使用量全体のなかで農業が占める割合を考えればそうではないという説がある。これはかなり以前から、識者のなかでは定着していると思われる。最近は、これに加えて、農林水産業、農山漁村がエネルギーの供給源、それも地球温暖化を防止する再生可能エネルギーの供給元として重要になってきていることが注目されている。

再生可能エネルギーの主たるものは、太陽光、風力、水力、地熱、バイオマスである。

バイオマスエネルギーについては、分類の仕方がいろいろあるが、液体燃料であるバイオエタノール、バイオディーゼル、気体燃料であるバイオガス、個体の燃料として発電される木質バイオマス発電、農業残渣《ざんさ》の発電などがある。

先に述べたメタン発酵について言えば、原料は家畜の糞尿に加えて、食品工場などから発生する食品廃棄物、下水や農業集落排水の汚泥、さらには農地で発生する残渣などである。

これらが持つ炭素のエネルギーを、メタン菌によってメタンガスを中心としたバイオガスに変えて活用する。ガス発電して電気として供給することも可能であるし、ガスのまま活用して都市ガスやプロパンガスに混ぜて使うことも可能である。

この一連のプロセスは日本の農業にとても大きなプラスをもたらすものであると考えられる。

まず、酪農をはじめとする、畜産業におけるとても重労働である家畜排泄《はいせつ》物の処理の手間と、コストを軽減できることである。

また、バイオガスという再生可能エネルギーを生産することができ、同量の化石由来燃料の削減ができることになる。

さらに、発酵後の残渣は、リン酸やカリなどの肥料分が豊富であり、有機農業に向けた有機肥料としての活用が期待できるという面もある。

バイオディーゼルについては、廃食用油を活用して軽油代替の燃料を作るものであるが、先に述べたとおり、国内で活用されることなく、輸出されるようになっていることは残念である。

バイオエタノールについては、二〇〇八年に北海道で一〇万キロリットルのバイオエタノール製造工場がふたつできている。規格外の小麦やテンサイ（砂糖をとるビート（サトウダイコン））の過剰分、燃料用米（バイオエタノールを作るために栽培する多収米）を原料としていたが、当時は石油への混合について、石油添加剤（ＥＴＢＥ[18]）として添加するという方法しか認められなかった。そのため製造後の出荷価格が極めて低くならざるを得ず、製造が打ち切られることになった。

太陽光、風力、水力についても、その発電する場所の提供という意味で農山漁村は大きな役割を果たしつつある。

太陽光については、先に述べた、農業しながら発電もする「営農型太陽光発電」が注目されるようになってきている。

18 Ethyl Tertiary-Butyl Ether

あとがき

これまで、日本の農業をしっかりと応援していくことで食料安全保障の強化を図ることが大切だということを見てきた。人口減少の時代に入ってきたとはいえ、日本には一億二〇〇〇万の人々が暮らしており、その人々の食料を確保するためには、さまざまな工夫が必要である。政府・農業者・食品関連事業者がそれぞれ努力していることで、これまで食料の安定供給は保たれてきたが、さらに踏み込んだ政策立案についての議論がなされることも必要ではないか。

ここで、いくつか個人的な提案をしてみたい。

ひとつ目は、食料安全保障に関する指標についてである。

食料自給率、とくにカロリーベースの食料自給率は、現在の食生活で国民に供給するカロリーのうち国産でどれくらい供給しているかという指標である。これは、いま現在の日本の農業の状況を示すのに相応《ふさわ》しいものであることについてはすでに述べた。

いざというときのことを考えた場合、このカロリーベースの食料自給率が高いほど安心であるのは間違いない。しかし論者によっては、戦争などで海外からの輸入が途絶し、非常時の食生活となり、供給しているカロリー（分母）が減少している場合には、国産で供給できるカロリー（分子）は変わらなくても自給率が高くなることを取り上げて、不適切な指標ではないかという向きもある。

考えてみると、いざというときには、分母を現在の食生活を前提とすることは必ずしも必要ないし、非常時における飢餓につながるような食生活を前提とすることも適切ではないのではないか。

このようなことから、筆者は、分母を「供給すべき必要カロリーに固定する」ことにより、新しい食料自給率の指標、「必要カロリーベース自給率」をつくることを提案したい。

現在算定されている食料自給率は、分母を各年の供給カロリーとしている。したがって、そのときどきの日本全体の食生活の状態により変化しており、一九六五年度にはひとり一日当たり二二九一キロカロリーであったものが、一九九六年度には二六七〇キロカロリーとなり、二〇二一年度は二二六五キロカロリーとなっている。

食事によって得ている一日に必要なカロリー量は、成人女性の場合は、一四〇〇～二〇〇〇キロカロリー、男性は二〇〇〇～二四〇〇キロカロリーとされている。なお、供給カロリーと摂取カロリーについては、統計の取り方が異なるために単純な比較はできないとされているが、摂取カロリーについて国民全体の平均で言うと、国民健康・栄養調査によれば、一九九五年は二〇四二キロカロリー、二〇一九年は一九〇三キロカロリーであった。

供給カロリーについて言えば、これも統計の取り方が異なるために単純な比較はできないとされているが、諸外国の供給カロリーは日本よりもおおむね高い。

これらのことを踏まえ、いざというときに日本全体として考えた場合に、その時点の食生活の状況とは関係なく、ひとり当たりに確保しなければならないカロリー量に対して、どのくらい国内生産力があるべきかという議論をしていくことが、食料安全保障に向けた政策議論として重要だと考える。

たとえば、分母は二四〇〇キロカロリーに固定して数値をとることが考えられる。いざというときに国民ひとり当たりに二四〇〇キロカロリー供給できれば、必要なエネルギーを確保できるとするものである。そして、それに対してどのくらい国内生産力があるかを示したらいいのではないかと考えるものである。

たとえば、二〇二一年を例にすると、分母は二四〇〇キロカロリーで分子の国産供給カロリーは八六〇キロカロリーなので、「必要カロリーベース食料自給率」は三六パーセントとなる。カロリーベース食料自給率三八パーセントと比較すると二パーセント低い。一方で二〇〇〇年においてはカロリーベースの食料自給率が四〇パーセントであるのに対して、「必要カロリーベース食料自給率」は四四パーセントとなり四パーセント高かった。

分母を二二〇〇キロカロリーとすれば、二〇一九年の「必要カロリーベース食料自給率」は三九パーセントとなる。カロリーベース食料自給率三八パーセントと比較すると一パーセント高い。一方で二〇〇〇年においてはカロリーベースの食料自給率が四〇パーセントであるのに対して、「必要カロリーベース食料自給率」は四八パーセントであり八パーセント高かった。

分母としてどのような数値が適切であるかについては、議論していくべきであると考える。

さて、「必要カロリーベース食料自給率」の目標についてはどう考えていくべきだろうか。「食料・農業・農村基本法」（以下、新基本法）の成立過程で食料自給率の目標については、それを設定することの意味について真摯《しんし》な検討がなされてきている。また、具体的な数値の設定に当たっても、食料安全保障上の観点と今後の農業の発展を踏まえ、さまざまな議論を経て設定されている。浅薄な知識で安易な提案をすることは避けるべきであると思う。

その前提に立ったうえで、「必要カロリーベース食料自給率」について、その目標はどういう観点から立てたらいいか、述べてみたい。

必要カロリーベースという観点からすると、江戸時代の一石《こく》（米一五〇キログラム）程度のカロリーを国内で生産することを目指したらどうであろうか。この数値は、筆者の計算によれば約一三〇〇キロカロリー（ひとり一日当たり）となる。

これで分母を二四〇〇にして「必要カロリーベース食料自給率」を算出すると、五四パーセント、分母が二二〇〇なら五九パーセントとなる。

一三〇〇キロカロリーを国内産が供給していたのは一九八八年ぐらいまでであり、カロリーベースで言えばそのころの生産まで回復させることを目標としたらいいのではないかと考える。加えて、現在の食生活で食べているものだけでなく、バイオ燃料用・工業原料用や飼料用のような、いざというときに食用に回せるものも含めて計算することも重要ではないだろうか。

この考え方が成り立つためには、いざというときに平等に分配できる社会システムが必須であることなど、さまざまな課題があるが、ときどきで供給カロリーが変化することにより数値が動く現在の食料自給率の数値とは異なる価値感を示せるのではないか。

ふたつ目は、バイオ燃料と食料安全保障との関係である。

バイオ燃料が食料安全保障に影響するからという理由で、食用作物からのバイオ燃料の製造を否定する意見も多い。バイオ燃料の原料としては、主にサトウキビから搾った糖分、すぐに糖化できるトウモロコシなどのでんぷんが使われているが、同じバイオマス資源でも食べられないものから作るべきだということである。

たしかに、稲わら、木くずなどのセルロース系からバイオエタノールを作る技術が進展しつつあり、そのような作り方を推進することは重要である。

しかしながら、食べられる農産物からのバイオエタノールを否定する必要はないと筆者は考えている。ましてや、収量などが同じであるときに、わざわざ食べられないバイオ燃料作物を栽培して原料とすることはやりすぎだと感じている。

これはたとえば、ある土地に新しくバイオ燃料用の作物を作付けしようとする場合、飼料にもなるトウモロコシやソルガムではなく、ジャトロファなどの非食用作物をあえて選ぶようなことである（バイオ燃料作物として、栽培のしやすさや収穫量の多さに注目して、たまたま食べられない作物が選ばれることには問題はない)。

バイオ燃料の原料にもなり食料にもなる作物は、いざというときにバイオ燃料ではなく食料に回すことができることから、食料安全保障にはプラスの効果がある。

このような考え方に立った場合、人間が食べられずに飢えているのに、クルマがバイオ燃料を消費することは問題となる。食料の不足が心配されるときには、その作物をバイオ燃料に向けるのではなく、食用に回すというルールを明確化すべきというのが筆者の考えである。

食料については余れば価格が低下しすぎるという問題があり、需給調整の観点からも燃料用途が必要とされることは理解できる。

しかし、飢餓の問題が出たときには食料優先にすべきであり、国際的にこのようなルールをつくるように働きかけることが必要ではないか。

国内においても、過剰に生産されたものの利用方法としてバイオ燃料は検討されるべきであり、これもいざというときには食料に転用することで食料安全保障の強化につなげるべきである。

バイオエタノールを輸入してカーボンニュートラルな燃料として活用することはいいことである。ただ、トウモロコシを輸入して国内でバイオエタノールをつくることは、単純にバイオエタノールを輸入することよりも食料安全保障上のメリットが大きい。バイオ燃料用に輸入したトウモロコシは、いざというときに飼料・でんぷんなどの食用に転換できるうえ、通常時も良質なタンパク質飼料の生産ができる。国内で非食用原料を利用したり、余剰農産物を使えば、エネルギーの国内生産も増加させることができる。

今後の自動車の環境対応の方向については、ＥＶ（電気自動車）の普及が重要であることは言うまでもないが、日本の誇るＨＶ（ハイブリッド車）、ＰＨＶ（プラグインハイブリッド車）技術を活用し、燃料については一〇〇パーセント、バイオ燃料を使うことでもカーボンニュートラルは実現できるのではないか。

すでにバイオエタノール工場が数十万キロリットルの規模で稼働したこともあ

り、カーボンニュートラルが重要な現在において、その増産の奨励は真剣に検討すべきことではないかと考えられる。

三つ目は農産物の輸出が食料安全保障上も有意義であることである。

米を大量に生産し、国内で消費されない部分については海外に輸出することが定着すれば、いざというときには輸出している米を国内に回すことにより、国民を飢餓から救うことができる。

しかし、注意が必要なのは輸出のやり方である。

ひとつの国に対する大量の輸出はその輸出が急に止まったときのことも想定する必要がある。

食料を武器に使うということが議論されるが、相手国に対して輸出をしないことでダメージを与えることはもちろん、相手国からの輸入をストップするということで大きなダメージを与えることも可能なのである。

日本としては、大量の米を輸出している相手国から輸入をストップされ、輸出で

きなくなったら、米が国内に溢れ、米の流通は大混乱し、価格は暴落して

したがって、ひとつの品目をひとつの国に大量に輸出するということでは複数の国に輸出し、急激な変化が起きても対応できるようにすることが大切思う。単純に輸出を増やしていけばいいということではない。

四つ目は、現在の新基本法についてである。法律制定から二〇年を経過し、内外の状況が大きく変化していることから新基本法については見直しが不可欠であるとされている。ただ、この「変化」についてはしっかりと検証していくことが大切ではないかと考えている。

さらに、生産者の減少・高齢化、国内市場の縮小が、予想できなかった厳しい状況を農業にもたらしていると単純に言うことは、議論を誤った方向に導かないか心配である。

新基本法の制定後、いったん下がった農業の総生産額は二〇一〇年以降増加に転じている。農家は減少しているが、減少している農家というのは、たとえば売

り上げが五〇〇〇万円以下の農家で、売り上げ三〇〇〇万円以上の農家は逆に増えている。

株式会社野菜クラブ代表取締役の澤浦彰治氏が言うように、新基本法の下で、しっかりと社員を抱えて地方経済に貢献している農業法人や、売り上げを着実に出している家族経営の農家が増えていることにも着目して、議論をすべきではないかと思う。

これらの農業経営体は、新基本法の目指す方向で農業が進展していることを示しているとも言えるのではないか。

地球温暖化の問題、国際状況の変化（リスクの増大）など、考慮すべき新しい問題も数多くある。これらに対して農業がどう立ち向かうかについては、新たな視点も重要であろう。とくに、これら新しい問題の影響を受けないようにするにはどうしたらいいかという視点ではなく、農業がこれらに対してどのような解決策を出せるかという観点は重要である。

温室効果ガスの排出が問題であるとすれば、農業が温出効果ガスの吸収・固定の役割を果たしていくことで新たな価値をつくっていくことも大切であろう。
農業を取り巻く状況で大きく変化してきたことについて、しっかりと議論することは重要であり、大きな変化の方向を踏まえた議論のなかで、現行の考え方で変えるべきところがあるのか、それはどのように変えていくべきなのかという議論をすべきではないかと考える。

食料安全保障の確立に向けた対応は、日本の経済のあり方、農山漁村のあり方にも関連し、それは日本らしい温もりのある、安全で安心な社会をつくっていくことにつながっていくと思われる。そのような対応が、多くの人々とともに進むことを願っている。

本書を執筆するに当たり、農林水産政策研究所の近藤浩さんをはじめ、農林水産省の後輩たちには、貴重な指摘・アドバイスをいただきました。また、執筆の機会をくださった育鵬社の田中亨さん、貴重なアドバイスをいただいた前屋毅さん、熊谷美智世さんとは、幾度にもわたる議論をさせていただき、自分の考えをまとめるのにとても役立ちました。この場を借りて厚く御礼を申し上げます。

二〇二三年四月

末松広行

主要参考文献

農林水産省ホームページ

経済産業省ホームページ

国土交通省ホームページ

環境省ホームページ

米国ホワイトハウスホームページ

農林水産省『バイオマス・ニッポン総合戦略』

農林水産省『食料・農業・農村白書』各年次

農林水産省『食料需給表』

農林水産省『クロップカレンダー』

農林水産省農林水産政策研究所『令和三年度、二〇三二年における世界の食料需給見通し――世界食料需給モデルによる予測結果――』二〇二二年

農政審議会「八〇年代の農政の基本方向」一九八〇年

農政審議会「二一世紀へ向けての農政の基本方向――農業の生産性向上と合理的な農産物価格の形成を目指して――」一九八六年

厚生労働省「国民健康・栄養調査」

マルサス／楠井隆三、東嘉生訳『穀物条例論及び地代論』岩波書店 一九四〇年

高木賢『食料・農業・農村基本法と今後の農業・農村の課題』地域政策研究（高崎経済大学地域政策学会）二〇〇一年

飯島勲『小泉官邸秘録』日本経済新聞社 二〇〇六年

生源寺眞一「農業貿易問題と日本のポジション」農業経済研究 二〇一二年

株田文博「食料の量的リスクと課題」国内外の食料安全保障概念と対応策の系譜を踏まえて」農業経済研究 二〇一二年

大賀圭治『食料安全保障とは何か――日本と世界の食料安全保障問題――』システム農学会 二〇一四年

鈴木宣弘『世界で最初に飢えるのは日本』講談社＋α新書 二〇二二年

海野洋『食糧も大丈夫也 開戦・終戦の決断と食糧』農林統計出版 二〇一六年

山下一仁『日本が飢える！』幻冬舎新書 二〇二二年

堤未果『ルポ 食が壊れる』文春新書 二〇二二年

Foreign Agricultural Service, "Grain Update December 2022 Ukraine" 2022

Foreign Agricultural Service, United States Department of Agriculture "International Production Assessment" 2023

Earth Observatory, NASA "Larger Wheat Harvest in Ukraine Than Expected" 2022

Council of the European Union "Inforgraphic – Ukrainian grain exports explained" 2023

Food and Agriculture Organization of the United Nations "The State of Food Security and Nutrition in the World 2022" 2022

末松広行「新たな米政策」の概要」食糧月報 一九九八年

末松広行「『新たな麦政策大綱』の概要」輸入食糧協議会報　一九九八年
末松広行、長原歩、紅林利彦［他］「東京農業大学　総合研究所研究会　第九六回フォーラム　食品廃棄物リサイクルの法行方と今後の対策［含　質疑応答］」東京農業大学総合研究所紀要　二〇〇〇年
阿部亮、末松広行、吉田稔［他］「座談会　環境保全と国内自給率向上となるか！食品業界・養豚業界・行政の連繋がカギ…（食品リサイクル法が制定されて）」日本の養豚　二〇〇〇年
末松広行「バイオマス・ニッポンの時代へ」明日の食品産業　二〇〇三年
末松広行、荘林幹太郎「農村からのソーシャルキャピタル・ルネッサンス宣言に向けて」農業土木学会誌　二〇〇七年
末松広行「バイオ燃料ブームをどう考えるか（特集　食糧の争奪戦が始まった）」公庫月報　二〇〇七年
末松広行「アグロフロート構想」明日の食品産業　二〇〇七年
末松広行「「バイオマス・ニッポン総合戦略」とバイオマス利活用の推進：国産バイオ燃料の大幅生産拡大に向けた取り組みとバイオマス利活用のさらなる加速化」廃棄物学会誌　二〇〇七年
末松広行「改訂解説食品リサイクル法」大成出版社　二〇〇八年
末松広行『食料自給率の「なぜ？」』扶桑社新書　二〇〇八年
淺見紀夫［報告］、末松広行［報告］、茂木宏友［報告他］「東京農業大学地域活性化フォーラム　震災後の地域活性化と人財育成を考える　シンポジウム　震災後のふるさとづくり・ひとづくり」オホーツク産業経営論集　二〇一四年
末松広行、藤村ゆき、柴田さほり、松井淳子、西井勢津子、西沢昌子「強い農業と美しく活力ある農村の実現に向けて（最終回）座談会女子力で支える農村振興」『時評四月号』二〇一六年
末松広行「ザ・キーマン　日本は環境技術の新たな開発に主眼。先端技術で世界に貢献　末松産業技術環境局長に聞く（上）」、『温暖化防止至上主義』を避けよ」エネルギーと環境　二〇一六年
末松広行「ザ・キーマン　２国間クレジットを拡充して世界のCO_2削減に大きな役割果たす　末松産業技術環境局長に聞く（下）」、長期目標達成向け一つずつ」エネルギーと環境　二〇一六年
末松広行「地球温暖化対策の動きとバイオマスの利活用」廃棄物資源循環学会誌　二〇一七年
末松広行「スマート農業の推進について」会計検査資料　二〇一九年
森信茂樹、末松広行「森信茂樹が問う　霞が関の核心〝日本の高品質〟を売り、農産物の海外輸出1兆円達成へ」『時評三月号』二〇一九年
末松広行「日本農業の動き　食料安全保障と農政の課題」農政ジャーナリストの会　二〇二〇年
末松広行「末松広行と語る、危機を乗り越えるトップの決断とは（第1回〜第20回）」『時評』（二〇二一年四月号〜二〇二三年三月号）

【著者略歴】
末松広行（すえまつ・ひろゆき）

東京農業大学総合研究所特命教授、東京大学未来ビジョン研究センター客員教授。埼玉県出身。東京大学法学部卒。農林水産省入省後、地方行政（長崎県諫早市）、米問題、食品リサイクルなどを担当する。総理大臣官邸内閣参事官、農林水産省環境政策課長、食料安全保障課長、関東農政局長、農村振興局長などを歴任。2016年、経済産業省産業技術環境局長。2018年、農林水産事務次官。2020年8月に退官。著書に『食料自給率の「なぜ？」』（扶桑社新書）などがある。

日本の食料安全保障
——食料安保政策の中心にいた元事務次官が伝えたいこと

発行日　2023年4月30日　初版第１刷発行

著　　者　末松広行
発 行 者　小池英彦
発 行 所　株式会社育鵬社
〒105-0023 東京都港区芝浦1-1-1 浜松町ビルディング
電話 03-6368-8899（編集）　http://www.ikuhosha.co.jp/
株式会社扶桑社
〒105-8070 東京都港区芝浦1-1-1 浜松町ビルディング
電話 03-6368-8891（郵便室）
発　　売　株式会社扶桑社
〒105-8070 東京都港区芝浦1-1-1 浜松町ビルディング
（電話番号は同上）
装　　丁　新 昭彦（ツーフィッシュ）
ＤＴＰ制作　株式会社ビュロー平林
印刷・製本　タイヘイ株式会社　印刷事業部

Printed in Japan ISBN 978-4-594-09314-3
Eメールアドレス　info@ikuhosha.co.jp

日本音楽著作権協会（出）許諾第2302228-301号